国际时装设计
基础教程

系列时装
设计与应用

2

（美）史蒂文·费尔姆 / 编著

曹 帅 / 译

WINNING
COLLECTIONS:
FASHION
DESIGN

U0353596

中青雄狮

中国青年出版社

BARRON'S

Copyright © 2011 Quarto Inc.
Simplified Chinese Edition © 2012 China Youth Press

版权登记号：01-2012-2988

图书在版编目（CIP）数据

国际时装设计基础教程：系列时装设计与应用.2／（美）费尔姆编著；
曹帅译.—北京：中国青年出版社，2012.9
ISBN 978-7-5153-0895-1
Ⅰ.①国…　Ⅱ.①费…　②曹…　Ⅲ.①服装设计—教材　Ⅳ.①TS941.2
中国版本图书馆 CIP 数据核字（2012）第 143310 号

国际时装设计基础教程2
——系列时装设计与应用
〔美〕史蒂文·费尔姆／编著　曹帅／译

出版发行：中国青年出版社
地　　址：北京市东四十二条 21 号
邮政编码：100708
电　　话：（010）59521188／59521189
传　　真：（010）59521111
企　　划：北京中青雄狮数码传媒科技有限公司
策划编辑：蔡苏凡
责任编辑：郭　光　唐丽丽　褚凤丽　徐　璐
封面设计：六面体书籍设计　张宇海　王玉平

印　　刷：北京利丰雅高长城印刷有限公司
开　　本：889×1194　1/16
印　　张：10
版　　次：2012 年 11 月北京第 1 版
印　　次：2018 年 8 月第 4 次印刷
书　　号：ISBN 978-7-5153-0895-1
定　　价：59.80 元

本书如有印装质量等问题，请与本社联系
电话：（010）59521188
读者来信：reader@cypmedia.com
如有其他问题请访问我们的网站：
www.lion-media.com.cn

"北京北大方正电子有限公司"授权本书使用如下方正字体：
封面用字包括：方正正黑简体、方正兰亭黑系列。

目录

ENMETH THE CRAZY SCIENTIST.

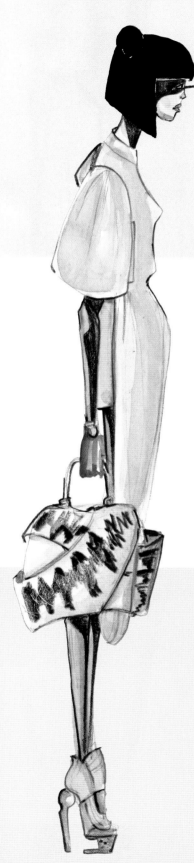

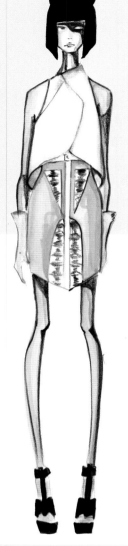

介绍

时尚界确实有很多机会，但同时这个行业竞争的激烈程度也达到了前所未有的水平。为了取得成功，你必须懂得如何向世人展示自己的专业性，只有这样，你才能确保自己在众多崭露头角的人才中脱颖而出。

这是一个设计人才辈出的时代。从巴黎到里约热内卢，几乎所有重要的国际化大都市都会举办时装周。学校的设计专业炙手可热，并且为世界各地不断输送着大量毕业生。随着大众审美意识的提高，社会对设计人才的需求达到了前所未有的水平。然而，我们面对的现状是每年都有数不清的毕业生完成时装设计课程，同时全世界都在开设各式各样的设计课程，那么我们的毕业生如何才能在如此激烈的竞争中脱颖而出呢？

好的作品集会展现你的才能，优秀的设计作品是评判你专业性的指标，出彩的简历也会助你一臂之力。另外，本书还会介绍面试时的一些应试技巧。总之，有些重要的技巧是所有成功的设计师都必须掌握的。

以上所提到的这些因素，在今天这个竞争激烈的时尚产业中是至关重要的。

1 彰显你的才能，释放你的热情，指明你的目标

时尚行业需要充满热情的设计师。成为一名设计师就是选择了这样一种生活方式：用长时间的工作与全身心的付出设计完美的作品。有些人可能会将其形容为"沉迷"，而另外一些人则称"如果不能与设计同呼吸、共命运，那就趁早改行吧"。你的目标体现在你的工作与人格中，它所传达的便是你作为一名设计师所能做出的贡献。

2 展现你高水平的职业化修养

要想让面试官从众多的毕业生中将你选中，那么你所做的每一件事都要体现出专业性。你所遇到的每一个人都是你的面试官。在当今这个任务多样化的时代，拥有扎实的组织技能是很有必要的。当你在创作作品集、绘制设计手稿，抑或是进行其他的设计时，要记住你所展示的正是你本身。在面试中，你所展示的就是将来你在工作中所要用到的。

3 表明你对团队合作的态度

能与其他人融洽合作是你成功的必备条件。比起一个才能出众但太过个性的员工，公司更愿意选择那些能够积极融入团队的人。一个能支持同事、具有专业素养并乐于团队合作的员工，要好过一个虽然才能出众但却总是与团队起冲突的员工。成为公司文化的一部分，对一个设计者来说是至关重要的。

4 展现你的自我意识

对于一个成功的人来说，重要的是清楚自己是谁以及自己究竟想从生活中得到什么。当你感到快乐和满足的时候，你的表现就会更出色。不要把工作当成是"工作"，要保持极高的创作积极性。要清楚，每个设计品牌都有其独特的文化内涵，在你找到适合自己的那个品牌之前，是要经历一个不那么尽如人意的过程的。

关于本书

本书概述了设计师必须掌握的一些重要技巧和应了解的有代表性的作品，这些都是设计公司所看重的。你必须拥有一系列毕业设计和毕业作品集——这是你进入时装界的"处女秀"。如果你有幸已经成为这个领域的一员，那么这本书将会令你的事业更上一层楼。

CHAPTER 1：构思毕业设计

本书在第一章就抓住了毕业设计这一要素。通过对目标用户进行定位与研究来构建设计概念，这一阶段进展如何将会影响之后的设计和最终作品。设计过程起到了对全局把关的作用，包括制作、绘制设计手稿、悬垂性试验以及销售规划。在这一阶段，设计者要对设计作品有一个理性的认知，这有助于提升最终作品的呈现效果。

每一小节开始都会说明本小节的学习重点

列举有代表性的设计作品，如设计手稿、细部结构图等

"备忘录"有助于设计者对自己设计的作品做出有价值的测评

表格有助于更便捷地检索信息

CHAPTER 2：完善作品集

本章介绍了一些作品集以及相关的设计形式。本章讨论的内容包括：作品集的组织形式、构建成功作品集的要素、在线设计的优势、定位设计作品的方法以及如何为设计找准消费市场。

将作品集成功运用到特定市场中

真实的生活场景有助于设计

在此为你总结了设计的黄金法则和一些业内经验

将毕业生和设计师的作品在T台上同时进行展示是验证结果的好方法

时装效果图、细部结构图和款式图，展示了整个作品的构思过程

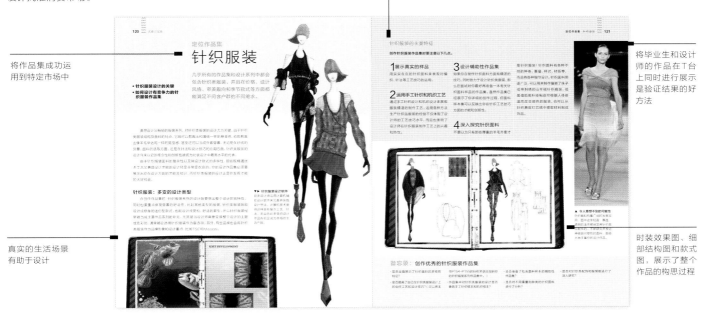

CHAPTER 3：进军职场

本章就如何在竞争激烈的设计领域获得成功展开了相关讨论，包括如何从学生过渡到真正的设计者、如何在面试中获得认可、怎样才能受到设计公司的青睐、如何在这个领域对自己的职业有一个更深层次的理解，以及这个行业的专业人士所追求的是什么。

要不断练习、实践才能确保自己对设计过程的进展有准确的认识

这里明确指出了在设计领域中需要做以及不应该做的一些事情

列一个问题列表，以便检验自己的设计是否完美并确保自己抓住了每一个机会

时装将何去何从？

当今，时装领域的传统体系已经被设计师们质疑并重新定位，这就要求设计专业的毕业生们对这些新事物做出积极回应——改变。

▶ 鲜明的特征

在当今消费市场饱和的状态下，设计师的设计方案必须具备高度的原创性和创新性，才能从众多的作品中脱颖而出。右图这一具有戏剧性效果的外套融合了精巧的制作工艺，使得人们对于这一新颖的设计印象深刻。

◀▲ 情感共鸣

在当今过分饱和的消费市场中，一个极具概念性的服装设计，比如上面这件形似婴儿连体服的上衣满足了消费者个性化的需求，也使消费者与设计者的美学观念产生了强烈的共鸣。具有创新性的细节设计往往比产品本身更重要。

地球村正以前所未有的速度发生着改变。随着城市的发展、消费需求的增长、文化行为的转变、科技的进步、信息获取方式的便捷化，以及其他各种因素的变化，这些都使我们不断向前发展，整个世界也需要不断发展才能跟上这些前所未有的变化。时装领域亦然。为了紧跟时装界翻天覆地的变化，设计师应如何发挥他们的作用呢？教育界在不断完善运行机制的同时，又要如何改进才能使毕业生满足社会对他们的期望呢？

这些动因都影响着时装设计产业的未来，同时也影响着应如何培养未来的设计师。设计不再局限于一个领域，而是成为一门更具学术性和理论性的专业，这使得设计者要不断更新已有的知识系统，还要不断开发新的研究领域。消费者将会被设计的创新性所吸引，所有的设计要更能使消费者寻求到一种心灵上的契合。设计者还要时刻关注产品在市场上的反响，因为消费者已经越来越重视环境问题，所以注重环保的设计产品也越来越受消费者的青睐。

改变工作形式和地点

尽管纽约、巴黎和米兰仍旧是时装之都，但历史上那些生产时装产品的中心已经从实体性的设计室分离出来。过去要在设计室讨论的产品信息等问题已经可以通过电子邮件和Skype互联网电话解决。虽然设计师仍然要和技术人员在样板间完成原型制作并试验布料的悬垂性，但这种亲力亲为的工作方式已经越来越少了。鉴于以上情况，设计专业的毕业生到底还需要掌握多少技术活呢？

► **大众时尚**
零售商与专属设计师的合作恰好表明了人们对时装设计的浓厚兴趣和广泛需求，比如H&M与斯特拉·麦卡特尼（Stella McCartney）的合作。过去只有小众精英才能购买的产品现在已经成为大众热捧的对象。

高端消费群需求的增长

　　过去20年来，时装设计产业得到了迅猛的发展。像Louis Vuitton和Marc Jacobs这种曾经仅为少数精英群体所熟知的设计师品牌，现在也已经成为家喻户晓的品牌了。另外，像Karl Lagerfeld、Comme des Garçons、Lanvin，以及与H&M公司合作的Viktor & Rolf、与Kohl's百货公司合作的Vera Wang、与Target百货合作的Liberty of London，这些过去只被小众精英追捧的设计品牌也已经得到大众的青睐。

　　这种"对时装的热情"是新产品层出不穷的动力源泉，而成衣生产商也为顾客提供了多重选择。面对数量惊人且花样繁多的服装，什么样的设计才能被称之为"好"的设计呢？这种不断变换着的时装已经改变我们对时装设计的感觉了吗？这种不断创新产品的能力是不是一个时装设计师所必须具备的呢？

▼ **场地的变换**
设计室与生产中心进一步分离。如今，超过90%的美国时装在海外生产，而不是在曼哈顿服装大街，这与时装教育的未来和设计师角色的转变都有很大关系。

► **品牌的全球性**
Marc Jacobs已经成为家喻户晓的品牌，这反映出我们文化的关注点和需求开始集中在高端设计上。随着越来越多的设计师迎合市场的这种需求，更多具有创新性的服装样式也会不断涌现，以保持品牌对市场的影响力。

▶ 服装设计的关注点
博诺·沃克斯（Bono Vox）的妻子艾丽·海尔森（Ali Hewson）在2005年创办了道德时装品牌Edun，旨在促进发展中国家的商业公平，并体现当地社区的特点。

　　服装界的不断变化要求设计技术上的革新。随着设计主题电视节目的出现和互联网的广泛应用，人们受教育的程度进一步提高，并掌握了更先进的设计技术。伴随着人们对设计精致产品的需求不断增长，设计师如何才能脱颖而出呢？

明星设计师的作用

　　和大多数专业一样，时装设计这一曾经人才稀缺的专业如今已经充斥了太多富有创造力的人才，他们通过在学校进行专业学习和充当学徒的经历掌握了设计这门手艺。伊夫·圣·洛朗（Yves Saint Laurent）曾为克里斯汀·迪奥（Christian Dior）工作，让·保罗·高缇耶（Jean-Paul Gaultier）曾在皮尔·卡丹（Pierre Cardin）手下工作，阿尔伯特·菲尔

蒂（Alber Elbaz）曾为杰弗里·贝尼（Geoffrey Beene）工作，尼古拉斯·盖奇埃尔（Nicolas Ghesquiere）曾是让·保罗·高缇耶的设计助理。这些富有才干的年轻设计师以惊人的速度进军时装界，像Proenza Schouler公司、Ohne Titel纽约高级女装公司、美国Vena Cava品牌，都是由刚毕业没几年的设计师所创建的，而且消费者也能很快地对他们的设计概念作出反应。伴随着这种趋势，以设计师的名字作为品牌名的现象在时装界已经非常普遍。如今，任何有名望的人都可以成为设计师，如杰西卡·辛普森（Jessica Simpson）、珍妮弗·洛佩兹（Jennifer Lopez）、贾斯汀·汀布莱克（Justin Timberlake）、美国影视红星奥尔森姐妹（Olsen twins），以及那些在流行文化中占有一席之地的明星们，不论他们究竟是如何参与设计过程的。这也让很多人不禁产生这样的疑问："在当今时装界，'设计师'究竟意味着什么呢？"

◀ 名人的变通性
奥尔森姐妹在发布了高价位的成衣品牌The Row之后，又与世界500强企业JC Penney于2010年推出了青少年品牌Olsenboye。通常，设计师在创建了自己的一线品牌后会开发一系列在价格上更易于被大众消费者接受的副线品牌。

环境与可持续发展

　　我们身处充满危机的世界中：化学溢出物、有毒气体、滥伐森林、全球变暖，这一切已经严重污染了环境并破坏了全球生态系统，这使得我们开始重新审视我们现行的消费行为。我们究竟需要多少？我们的行为将对地球造成怎样的影响（不论是长期效应还是短期效应）？我们有没有更好的选择？我们应如何界定"需求"和"欲望"？怎样做才能使环境与社会可持续发展？

◀ 关注可持续发展

"可持续发展"已经成为那些关注消费者与社会发展两者关系的设计师们的创作信条，"破烂装"就很好地体现了这一创作信条。设计师将人们丢弃的衣服重新组合成具有独特风格的服装，并且体现了设计的创新性。

▼ 信息与意义

为了更全面了解产品的特点，当今很多高端消费群期望能了解整个设计的生产过程。这种消费者全面、深入的参与使作品更加符合消费者的要求，同时也给穿着者带来了不一样的体验。

NANAE TAKATA

一件成功设计的
十大要素

一件成功的设计需要包含对实际制作过程、艺术效果及设计观念的相关考虑。当所有这些因素相互支持时，设计才能在内容和理念上都达到完满，并且展示出其专业性。

▶ **明确客户需求**
品牌通过对其客户群的精确判断而获得成功。侯赛因·卡拉扬在设计作品时会经常运用各种理论知识，以便满足那些喜好挖掘着装深层次意义的客户需求。

◀ **奥斯卡·德拉伦塔**
奥斯卡·德拉伦塔的浪漫充分体现在左图中。从人口统计学概念出发，为了满足一部分人独有的"时装童话"的需求，设计师要避免那种"服装为人人"的设计风格。

1 引领流行趋势

对于每一款设计作品，设计师都会对风格作出不同评估，因为消费者接触时尚的方式以及他们渴望的设计样式都在随时发生着变化。然而，纵观历史，上述变化往往又是由成功的设计引领的。这固然有风险，而且也需要设计师有准确的流行感知判断，因为每一款新品都要在零售前几个月（甚至几年）发布。

2 展现精湛的技艺

将工艺、廓型和结构都成功整合后，设计就被提升到了一个专业化的层面。如同画家选择画布尺寸和材质一样，设计师要选择适当的工艺、剪裁手法、号型标准和后整理工艺，以完成整个作品的设计制作。

3 准确定位客户/方向

设计师要对时装设计满怀抱负。从奥斯卡·德拉伦塔（Oscar de la Renta, 较远左图）和拉夫·劳伦（Ralph Lauren）的精英主义理念，吉尔·桑达（Jil Sander）和缪西娅·普拉达（Miuccia Prada）的聪明才干，到侯赛因·卡拉扬（Hussein Chalayan）、维克多·霍斯廷（Viktor Horsting）和罗尔夫·斯诺伦（Rolf Snoeren）富有想象力的观念，你必须要让你的顾客渴望成为你童话世界的一部分。究竟是什么让他们选择这件黑色外套？设计师要一直关注与创造一种让观众渴望参与其中的生活方式。

4 代表一种生活方式

谁是你的客户？他们需要什么？他们拥有何种生活？唐纳·卡兰（Donna Karan）创建服装品牌时正值20世纪80年代的女性工作风潮兴起。卡兰根据自己的职业生活方式为职业女性创建了"必备的衣橱"（右图）。通过这种方式了解客户的需求，你便能在制作、色彩和样式等方面有计划地完成一系列设计。

▲ **满足不断变化的需求**
唐纳·卡兰的成功在于其具有革命性的"简洁七件"的理念，这使得20世纪80年代的职业女性能用简单的七件单品满足各种场合的需求。

5 要有远见

设计师不断塑造、完善着他们创造的世界，同时也对其提出质疑。如同建筑的地基一样，设计师是否具有广阔的视野是其能否创作出源源不断作品的牢固根基。

◀ 设计的极端性

时装总是充满"极端性"，不论它是吉尔·桑达的极简主义，还是亚历山大·麦奎恩复杂的故事叙述风格。为了保持品牌的影响力，设计作品必须让人看起来足够自信并且纯正。

9 设计要有独创性

在大众可接受的范围内进行创新设计能够使设计获得更多的认可。回想一下伊夫·圣·洛朗运用功能性面料设计的服装，比如其在高级时装中展示的厚呢短款水手外套，就是对上述说法的最好证明。随着时代的发展，纺织技术、面料中所运用的技术（比如意大利Zegna时装公司利用高科技生产了能为手机和iPod充电的太阳能夹克）以及生产方法上的发展都能带来前所未有的独创性。

6 展示时装的极端性

时装从来就不是一成不变的，它总是在向人们展示一定的极端性。当然，这里提到的"极端"取决于设计师如何定义它。从吉尔·桑达的极简主义（上左图），到荷兰品牌Oilily和意大利品牌Etro对图案运用的强调；山本耀司（Yohji Yamamoto）和朗万（Lanvin）的廓型和比例，到亚历山大·麦奎恩（Alexander McQueen）后期的历史主义风格（上右图），时装总是以一种纯粹的方式展示出设计师独一无二的精神世界。

10 制造秀场亮点

T台表演中的一个重要因素就是呈现主题的顺序。有些设计师会根据色调的变化来确定服装系列的排列及展示顺序。而另外一些设计师则不然，他们的秀场像是在讲故事：以传统的服装样式开场，却在梦幻般的极端世界中完成表演，比如亚历山大·麦奎恩就是这一类型的代表。还有一种形式就是在整个服装表演中渗透着不同程度的极端性。无论采用哪种形式，都要记住两点：使人感到惊奇并确保整场表演的凝聚力。

7 形成独特的设计风格

设计师要拥有独一无二的艺术理念。每位设计师必须要拥有与众不同的设计风格，并且将其运用到个人的作品中去。这对于创建一个新品牌来说是至关重要的。为了获得媒体和客户的认可，设计师必须要独具慧眼。

▼ 以社会风气为风向标

时装反映了我们当下和未来的世界。与之前的细腰廓型不同，20世纪20年代和60年代这种矩形的、散发青春气息的廓型反映出了当时青年文化占统治地位的社会风气。

8 反映并预测文化风气

设计师们的第六感使得他们可以预测消费者的行为和未来的流行趋势。作为文化的晴雨表，设计师们要确保消费者的需求能够得到关注。当回顾历史上出现的各种时装时，我们是否可以从服装的颜色、廓型及面料判断出当时的社会风气如何？女性的感受如何？或者说当时的社会是如何看待她们的？从20世纪20年代和60年代中期服装的相似点上我们便可一探究竟（右图）。

构思毕业设计

如何在毕业设计中展现你所学到的知识？如何让作品传达出你所要达成的专业目标？如何让毕业设计成为你职业规划中第一份令人满意的答卷？战略性地完成整个毕业设计将会为你今后的职业生涯做好准备。

对于大多数学生来说，毕业设计是他们开始正式工作的第一次尝试，不单单是工作量大，而且十分重要。作为对之前几年学习的总结，毕业设计给学生提供了一次实践并审视自己学习成果的机会。作为职业生涯的第一件作品，毕业设计是学生进入职场的处女秀。不论是你的设计理念，还是整个创作过程，都将在这里得到检验和评价。

本章将向大家展示毕业设计创作的基本步骤，包括最初构想、进一步的研究过程、面料选择的过程和严谨的设计手稿创作过程。这些步骤体现了各种想法是如何一步步发展并得到验证的，如面料的悬垂性测试和原型制作是为了完成白坯布样衣和最终样品的制作。这里展示的每一个阶段和过程不仅是检验毕业生的知识水平和才能，同时也考验了其成为一名时装设计师的决心——这才可以算是他们真正迈进时装设计行列的第一步。

学年任务

- 学习如何专业地展示自己及自己的作品
- 了解每一阶段都将如何进行

在制作毕业设计的过程中，要严格按照工作计划表的进度进行，这样才能保质保量地完成作品。创作的过程要严谨，每一个步骤都要以专业的态度完成。

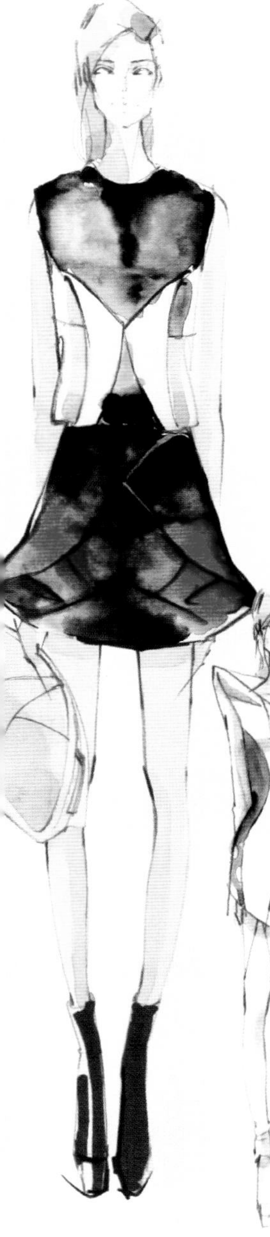

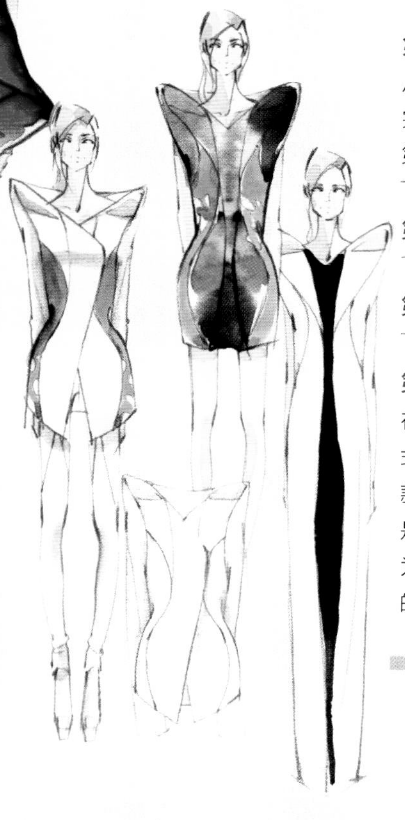

◀ **主题的多样性**

通过构思多种不同的主题，设计师可以找到最适合的主题和制作方案。左图就是设计师通过绘制多样主题的基础款并在不同位置进行印花，从而塑造出满意的廓型。

秋季学期：概念的形成和白坯布样衣制作

第1-2周：研究和绘制设计手稿阶段

完成大量的基础性研究，包括选择面料样品，对面料进行改造和处理，以及绘制100～150张设计手稿。

第3周：最终稿展示

确定符合毕业设计系列的款式并整理好设计手稿。这些选定的款式将会作为以后进行三维创作的基础。在制作白坯布样衣和完善构思的同时，要对布料进行进一步的研究和选定。

第4周：完善第1款

从第1周到第4周不断完善款式1，包括完成一条基础款的裤子或夹克，并且在第3周和第4周内对其进行改进。

第6周：完善第2款

第8周：完善第3款

第10周：完善第4款

在这一阶段中，检验设计系列和各个款式之间的关系，以及思考如何对剩下的款式进行创作。在这期间，创作的想法是否得到了改进？接下来的款式是否因为一些修改而需要重新设计？最初选定的面料是否要做更改？以上所有的改变

是否影响了原来设定的设计基调或是消费群？

第12周：完善第5款

第14周：完善第6款

第15周：对所有款式做最后审查

评估整个毕业设计系列，包括考虑作品的整体性、风格、比例、面料样品和设计决策。在这一周，你将进行第一次的立体剪裁。

一月份假期安排

这个月完成那些不需要老师进行专业指导的任务，包括织物染色、串珠子、丝网印刷、构建基础结构，以及其他一些简单的细节性制作。这样，二月份回到学校后，就可以集中精力去完成那些需要老师专业指导及同学协助的制作过程了。

整个毕业设计的过程与其他一些主要时装设计课程的内容是类似的。秋季学期要通过调研、面料研发、绘制设计手稿和制作白坯布样衣等去完成设计的基础部分。随后，要从比例、尺寸、设计风格等细节入手完成白坯布样衣的制作，从而生产出最终的样品。在冬季假期期间，所有的面料处理工作及其他制作

工艺比较简单的细节问题都要准备就绪。这样，在春季开学后，就可以集中精力在老师专业指导和同学的帮助下完成最终的设计。下表是一份有代表性的学年任务工作计划表，为大家概括了每个阶段所要完成的目标。

▲ 留有加工余量

在缝制最终设计作品的过程中，要留有大量的缝头。这样做的目的是当真人模特试穿你的作品时，你可以根据模特的身材比例对作品做出适当的调整。

春季学期：最终制作

第1周：完善第1款

第3周：完善第2款

第5周：完善第3款
为最后的设计展示做排演。

第7周：完善第4款

第9周：完善第5款

第11周：完善第6款
和老师一起做整个毕业设计展示前的最后审核。

第12周：毕业设计展示彩排
和老师一起决定如何通过阐述自己的理念和选定的多款服装，去展示自己的毕业设计作品。

第13周：毕业设计展

第14周：时装表演

第15周：最终作品集展示

毕业设计作品展

作为一名未来的服装设计师，学习如何专业地展示作品是很重要的。就像演员一样，你的说话方式、肢体语言和精神状态一定要能够抓住观众的心。首先你要对自己的作品有信心，这样其他人才会相信你的作品。

毕业时，会有评委会对你的毕业设计做最后的认定，这其中包括设计师、教师、时装界的专业人士和其他一些专业设计人员。你要完整地阐述自己的毕业设计并回答评委会所提出的问题。鉴于评委会成员几乎都是时装界的精英，你的整体表现会得到专业的指导意见，这对你未来的职业发展会有所帮助。

备忘录：有效的主题展示

- 你是否严格按照工作计划表要求的进度进行设计？
- 你是否通过调研为设计做好了充分的准备工作？

- 是否彻底完整地执行了设计手稿？
- 制作白坯布样衣时是否考虑了设计的整体风格？

- 是否已在冬季假期内完成了面料处理等所有的细节工作？
- 你是否有信心能以专业的态度去展示自己的作品？

- 你的设计展示是否能够吸引观众？
- 在评委面前，你是否最大化地利用了此次机会展示自己的作品？

作品集

用途与目标

- 利用毕业设计彰显你的实力和技巧
- 利用毕业设计作为获得商业成功的跳板

毕业设计可谓是你职业生涯的第一件作品，它体现了你作为设计师对这个行业的看法，而这些看法会随着今后的工作不断地得到巩固和强化。

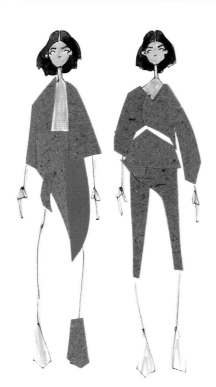

在本科阶段，为了全面了解设计中的实际操作，学生会学习各种有关时装设计的课程和理论。通过了解服装设计中会遇到的各种问题，学生会选择未来自己最关注的领域以及所青睐的设计风格。比如，那些喜欢色彩亮丽面料的学生就更倾向于设计童装，而对工程学和人体工程学感兴趣的学生则更倾向于设计配饰。

到了大四的时候，通过前面几年的理论学习和设计实践，学生基本可以确定自己将来所要专注的领域。你所关注的客户群和方向，你设计服装的方法，以及通过多年学习所形成的个人理念，这些都会通过你的毕业设计和作品集展现出来。虽然这些听起来有点言过其实，但它确实是形成个人风格的开始，并且会在之后的工作中不断地被强化。如同所有伟大的艺术家一样，只要你不断地强化个人设计风格和理念中的元素和品位，你的作品就会不断得到完善。

▼ **将观念转化为实物**

设计手稿能使设计更加清晰化。制作工艺、主题和产品规划都是这一阶段要考虑的因素。

◀ **符合比例的拼贴画**

利用拼贴画的形式可以完成廓型、配色对比和结构概念等问题。

备忘录：构思主题

- 你的设计主题是否传达出你独一无二的理念？
- 你的主题是否完整地表达了你的观念并体现了你的设计工艺？

- 是否展示出了你的实力和特点？
- 你的主题设计是否突破了"技巧"的范畴？

- 你是否有创造性地完成了个人的设计作品？
- 你是否在不断挖掘自己作为设计师的潜在能力？

- 你的主题是否能成为你进入服装领域的奠基石？
- 你的毕业设计最终能成为你创立自己品牌的基础吗？

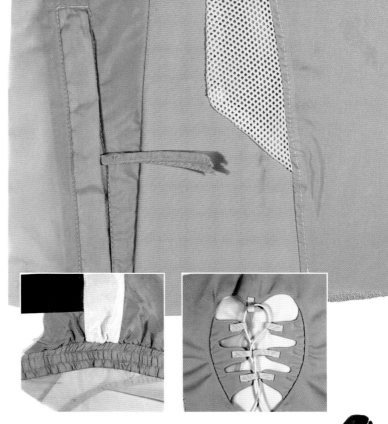

充分展现你的实力

同设计作品集一样,你的毕业设计代表了你自己,是一种独一无二的创作。它展现了你独特的视角,以及你所能掌控的各种技艺,不论是观念上的,还是技法上的。

对自己的作品作出技法等方面的评价是至关重要的。毕业设计之所以能成功并不仅仅是因为它有复杂的制作工艺或是在选择面料方面的专业性。要不断展示你的实力,不论你的设计具着独创的廓型和缝纫针法,抑或只是简单的廓型配以特别设计的面料。

打下事业的基础

创作精美的毕业设计作品并且以专业的态度将其展示出来,将是你进入职场的第一次亮相。毕业设计是你正式进入服装行业的第一步,你将不再是一个还在学习成长中的学生,人们会用设计师的标准来评判你。同样的,毕业设计对你找工作也至关重要,它甚至是你今后创立自己品牌的基础。

要把毕业设计看作是你作为学生所要完成的最后一个项目,它使你有机会按照自己的意愿去设计作品。尽情享受它带给你的那种自由创作的快感,在完成的过程中强化自我概念并深入研究自己的作品。

鉴于毕业设计的规模和难度,要把它看成是你作为设计师不断挖掘自我的过程。在毕业设计和未来工作之间建立联系将有助于你用一种更加宽广的视野去对待它。不断地对自己及作品进行反思有助于提高创新性,同时也能进一步确定你的专业性目标。

▲ **制作精良的样品**

面料样品和后处理的细节都要体现出设计理念,这样才能够确保作品不会偏离你最初的想法。样品要涉及多种面料(不只是白坯布/白棉布),并且包含需要的所有小装饰物。

▼ **最后时刻**

设计通过审核后就要开始编辑以确保产品得以成功地生产;下面这组设计就避免了因材料、色彩和面料重量等问题造成的设计上的浪费。

作品集

创作的
关键阶段

为了有效地规划设计作品，必须详细制定产品生产的每一个步骤，同时对已经完成和即将要完成的任务做到心中有数。为确保学生高效率地完成设计，下面为大家列举了每一步骤的主要内容。

1 灵感与调研

首先，确定作品要呈现的内容以及通过何种方式将其展现出来。你的作品风格是华丽的、富有城市气息的、具有雕刻感的、精致的、柔美的，抑或是吸引人的，还是给人压迫的、过于硬朗的、干练的、性感的，抑或是空灵的？为你的作品中运用的色彩、面料、廓型以及服装穿在身上的风格找到恰当的形容词。

虽然这些选定的形容词有助于你的初步调查研究，但看书、上网、去博物馆参观或者去图书馆查阅资料以及其他一些研究途径同样可以给你很多启示。你需要让整个调研过程引导你的设计理念。同时，这一过程不可急躁，要彻底、严格、按部就班地完成，这样你会发现每一个阶段的研究都能够带领你迈向更高的层次。

2 运用色彩达到效果

服装的色彩必须要和周围的环境格调相一致，才能完全表达出令人满意的情感需求。欣赏专业设计师的作品时，我们会发现即使运用极其相似的色彩，也能达到令人耳目一新的效果，这正是整体搭配的奥妙所在。比如，卡其裤的淡黄色和奶油色只是不同黄色的体现，但如果这种淡黄色和其他原色相结合，看起来就会过于醒目，让人有一种燥热感。同样的，色彩是如何反映目标市场的喜好和审美标准的呢？图形和对比色的结合通常用于运动服，因为这样看起来比较青春靓丽、轻松活泼；而同一色调的色彩则会使整个身形看起来更加修长，比如瑞克·欧文斯（Rick Owens）、唐纳·卡兰两位设计师的设计就偏好后者，这样的整体效果更加高雅、成熟。

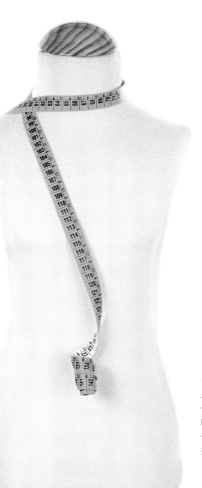

◄ 流畅的设计过程
用平面和立体的设计方式提高你的设计技巧是很重要的。同时运用这两种方式进行创作，你的设计水平将会得到进一步提升。

◄ 色彩搭配
Marc Jacobs这一款服装运用红、白、蓝三种颜色，体现了柔美的线条和运动的气息，从而表达出目标客户的生活方式和人生态度。

◀ 准备阶段
◀ 准备阶段
起初的一些调研包括参观博物馆和美术馆［如图片中的古根海姆现代艺术博物馆（the Guggenheim）］。

3 选择合适的面料

调研和文本研究是寻找适合面料的基础，要根据已经确定的廓型和服装细节去选择面料的纤维、织法和重量。正如本书稍后提到的，面料的选择一定要符合产品在市场中的需求。比如，由羊毛和针织面料制作出的服装可能有的时候就不太受欢迎。

从作品中最有特色的元素开始画设计手稿。从这些元素中选出与你设计灵感最相似的部分，并将这些设计元素应用到系列设计、面料工艺以及设计方法和实践中去。要牢记的是，从实践中提取出一些新的概念性东西或特色元素要比继续挖掘那些陈腐的设计灵感容易得多。

在画设计手稿的过程中，你会从之前的一些草图中提取灵感，同时产生新的想法。在完成每一个阶段的设计手稿后，要将它们用黑白两色影印出来，这样才能确保你所关注的是服装样式本身，而不会被五颜六色的色彩所迷惑。另外，还要挑选出那些你准备深入构思的手稿。

4 利用设计过程

虽然之前所画的那些设计手稿能够体现设计风格或是对之后的设计细节有所帮助，但这些必须是在你已经开始构思整个设计作品的前提下才能发挥作用。

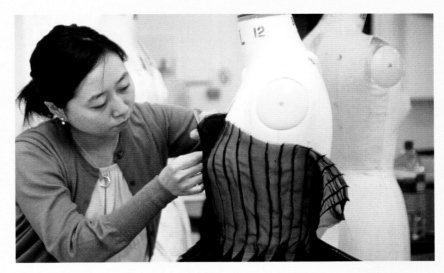

▲ **利用白坯布以外的织物**
在制作样衣时，你必须使用一些和最终成品类似但又较廉价的面料。除了经常使用的白坯布，加厚的布料、透明的轻薄织物和各式针织面料也都是不错的选择。

5 编辑六种款式去深入挖掘

当你已经完成了一大批的设计手稿时，就要开始选定最终的六款样式去制作了。你期望客户得到怎样的穿衣体验？这些设计作品是否能表达出你的灵感？或者说，这些设计是否通过色彩、质地、廓型和工艺等因素达到了你所期望的展示效果？通过对选定的六款样式进行深度分析，你可以解决一系列当产品进入市场后会遇到的问题；你会了解选择何种廓型、色彩和面料风格才是最符合市场需求的。

6 利用样衣和最终样品

如同绘制蓝图一样，手稿绘制及平面款式图将直接影响到你设计作品的最终效果。虽然你在编辑手稿的阶段已经有了非常明确的设计理念，但要记住，手稿绘制只是设计的基础阶段。当开始试验面料的悬垂性和制作样衣时，你会发现其他更能体现织物效果、符合服装比例和结构的方法，你甚至会发现那些起初在绘制手稿时设计的样式在实际制作过程中并不能达到你所期望的效果。

7 完成你的设计

通过模特试穿，面料和款式的搭配问题就得到了解决，我们也要进入到最终样品的准备阶段了。在这一阶段，所有的设计构思、面料的选择和处理、针织样品的选择及一些细节问题都应该得到解决。重要的是，要尽量在课堂上处理一些有挑战性的设计工作，以便得到老师的指导。私下的时间再去处理那些琐碎的、难度较低、工作量大的设计任务，比如串珠子和其他一些手工活。

◀ **多种影响因素**
色彩如何搭配、如何布局以及选择何种与其相邻的颜色等问题都要考虑。就像左图这几款色调相似的布料，如果更改其位置的话，色彩效果会发生很大的改变。

灵感与调研

定位消费市场

了解你的目标客户至关重要，将来你也需要向老板展示这一点。虽然你的客户会随着时间的推移而不断改变，但为了成为一名优秀的时装设计师，你必须要首先确定你的客户群。

- 确定目标客户群后需要提出的问题
- 了解设计作品中要包含的内容

你可以通过以下两个标准来确定自己的目标客户群：人口统计学和消费心理学。人口统计学包括以下因素：性别、年龄、收入、婚姻状况和家庭状况。消费心理学则包括：个人价值观、生活方式、职业选择、兴趣爱好和个性特征。分析这两个标准对于了解你的目标客户群是非常重要的。事实上，正是因为它的重要性，所以我们暂且可以这样认为：了解了目标客户群，就是了解你所要生产的设计类型。虽然存在各种不同的审美观念，但事实是如果你没有客户群，你就没有工作。也就是说如果你不了解客户群，并且你的设计不能满足他们的需求，那么你就不可能拥有他们。

了解当下和未来的竞争趋势

了解你的竞争者与了解你的客户群同样重要。作为刚毕业的学生，最初的竞争可能来自于那些和你一样刚毕业并在这个行业中谋求初级职位的毕业生。

◀▲ 有戏剧效果的人物塑造
夸张的面料质地、造型和人物神态使得整个设计看起来大胆、独特、富有冲击力。

备忘录： 了解你的目标客户群

- 是否对目标客户群进行了地域划分，并按照不同的心理特征对其进行了分类？
- 是否真正了解目标客户群的需求？

- 是否以目标客户群为设计依据？还是单纯地从个人喜好出发？
- 是否对当下和未来的竞争趋势有所了解？
- 是否对自己的服装款式有所定位？

- 是否储备了足够的实力以便进行未来的品牌发展工作？
- 是否对自己未来两到三年或五年内的设计类型有所定位？

- 是否关注了未来市场及目标客户群的变化？
- 未来的设计思路能否满足不断变化的现实需要？

◀ 综合运用多种调研方式

为了了解市场需求、寻找设计方向，设计师需要综合运用多种调研方式。左图中，设计师灵活运用街拍的几种造型设计了一款插图作品。

一旦你在这个行业待上几年并且开始寻求自我突破的时候，你会发现你的竞争对手是那些刚踏入这个行业一年多的新兴设计师们，以及那些目前虽不属于这个圈子，但在未来一年半左右的时间内便会涉足这个圈子的人们。你必须要思考以下几个问题：

- 他们是谁？
- 他们有着怎样的市场？
- 是什么使他们从竞争中脱颖而出？

如果你能避免直接性的竞争，那么你就有更大的机会去创建自己的品牌，同时拥有自己的消费市场。

了解你的产品

正如要了解你的客户群一样，你同样要了解你所设计的产品。通过一系列标准，你可以对你的目标客户群有一个比较全面的认识，与此同时，你也要列一个"产品必备"清单，以便你准确地了解产品信息。例如，消费者是否只购买有机材质的运动服？如果是，你就要把这些材质运用于产品设计中。再者，客户是否偏爱那些设计新潮但又物美价廉的服装？如果是，你就要生产那些易清洗、易保养的服装。

▼ 从T台到现实

为了满足不同的生活方式、价格接受度以及迎合不同的消费群，每一个系列的设计都要提供多种不同设计程度的款式。在最初的设计中就要将这些因素考虑到各种造型的款式中去。

虽然你刚毕业时不太可能拥有自己的设计品牌，但你同样要了解自己正在设计的这些产品，以及它们在两三年甚至是五年后会发展成什么样子。如果你正在从事童装设计，但却偏爱高端男性日装；如果你正在为一名知名的设计师设计女性日装，但期望能够在未来五年内创建自己的品牌，那么，从现在开始你就要为自己的目标做好计划并开始努力了。

确保你的设计具有可行性

在锁定目标客户群并确定竞争范围后，你要重新审视自己当初的设计理念并确保其可行性。你的"客户群"是否真实存在？他们是否能使你的设计取得商业上的成功？你的设计是否足够创新并且能够使你从众多的竞争者中脱颖而出？另外，最重要的一点就是，这样的设计是不是你真正想要的？

设计理念并不是静止、一成不变的，它是流动、具有延展性的，会随着你体验的增加——这种体验不只是在服装领域，同样也包括人生中的其他各个方面——以及你对市场和客户的不断认知而持续改变。关键是你要一直坚持自我，而不是一味地固守原有的理念。你要确保你的理念能够反映现实并适应不断改变的现实。

关注点

在评价目标客户群时，你应该

· **了解他们是谁**

他们住哪，市区、郊区还是乡村？考虑其性别、年龄、婚姻状况，是否有小孩？

· **了解他们的兴趣点**

经常旅行吗？国内还是国际游？是运动迷吗？喜欢看歌剧吗？

· **了解他们做什么**

从事有偿工作还是无偿工作，比如是银行副总裁还是青少年同盟主席？

· **了解他们的消费习惯**

从总收入和实际消费金额看，他们能自由支配的资金比例为多少？

· **了解他们的需求**

产品质量和价格哪个更重要？偏爱天然面料还是合成面料？

· **了解他们的消费动因**

了解需求和渴望；是工作需要还是一次性消费？

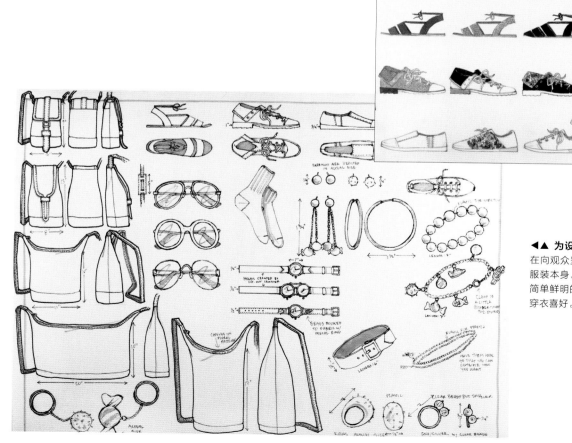

◄▲ 为设计提供全套的配饰

在向观众呈现设计时，需要关注的不仅是服装本身。图中，设计师通过色彩大胆、简单鲜明的配饰，体现了消费者的个性和穿衣喜好。

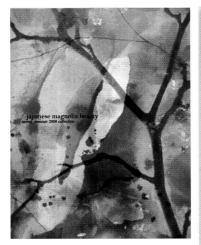

▲ 阐释设计风格

服装店店面的整体风格会传达出服装的风格特点。同样的，用服装系列本身而非文字说明阐释设计风格，会达到更好的效果。

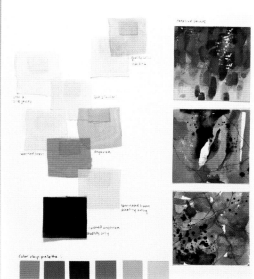

◀ 统一的风格

通过色彩、面料和印花等细节表现作品的内在一致性。要从感官和触觉上把这些细节统一起来，使作品呈现出完整的审美诉求。

▼ 造型搭配

设计师通过织物、色彩、印花来表现设计所体现的情感认知。下图就在柔和的水彩染色、宽松的剪裁和不垫衬的造型基础上体现了设计的审美特点。

灵感与调研

确定概念

- 设计中应包含什么并如何表现出来？
- 如何展示设计中的思想和情感意义？

设计作品前要对设计的全部信息有所规划，这样可以为你未来的设计决断提供一个思考平台。

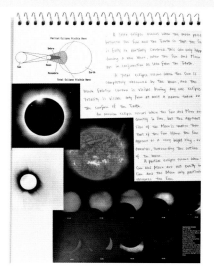

▲ 善于发掘新事物
设计者要善于通过图像和文本，在调研的过程中发掘新事物。这种开放式的调研可以带来全新、意想不到的设计理念。

设计理念不断深入能确保设计师把目光集中在影像叙事、产品规划和设计凝聚力等重要方面。设计师的作品是多变的，有些设计师会严格遵守设计规则，但有些则会按他们所期望得到的反响行事。比如，奥利维·西斯肯（Olivier Theyskens）在为巴黎Rochas公司设计时，就因为自己的偏好在设计系列服装时避免裤装。其他一些设计师，尤其是那些在大设计公司工作的人，则要听取产品销售团队的意见，以便明确哪些是必须设计的以及相应的数量。

▲ 为灵感着色
为了让设计传达更深层的信息，设计师需要运用各种技巧。比如，这里展示的循环扎染就可以应用到单色扎染和制毯法中。

备忘录：创作视觉叙事效果

- 设计作品是否有叙事基础？
- 日装到晚装的过渡是否鲜明？
- 是否对作品的关键元素进行了分析？

- 介绍中是否包括一些具有可控性、常规化的款式？
- 那些具有休闲风格的效果图是通过色彩、质地和廓型展现的吗？

- 在展示的高潮部分，设计的个性化元素是否有所体现？是否包括富有戏剧效果的华丽晚装？
- 作品的独创性如何？它是如何阐释灵感的？

- 设计作品是否会对现有的设计体制提出挑战？
- 是否用了对比法来强调设计作品的关键所在？

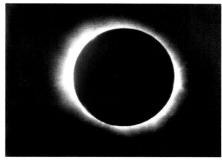

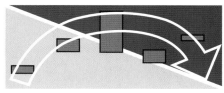

▲▶ 隐喻意义的日食过程

通过对服装结构、细节的制作以及对色彩的展示来传达日食这一灵感来源。在视线可及的半圆形范围内，虽然橘黄色的重点色呈现出类似月牙形的光晕，但浅色逐渐被深色覆盖，这一如同行星运转的过程仍旧清晰可见。

展示过程的演变

在形成设计理念后，设计师开始思考如何将设计展现出来。正像展示服装的款式一样，款式的分类、颜色、制作工艺、设计的细节部分以及完整的从日装到晚装的系列服装，这些都要详细地向客户展示。通常的顺序先是白天所穿的职业休闲装，接下来是同系列更加舒适的运动装，之后则是参加派对的小礼服，最后会有华丽的晚装登场。

虽然大多数设计师都采用以上方法展示设计，但在具体的设计过程中他们所运用的手法却不尽相同。比如，亚历山大·麦奎恩就以融合多种悲剧主题并带有历史色彩的设计而著称。他的设计会使观众随着故事的一步步发展，慢慢体会到高潮部分的愉悦快感。而另外一些设计师，比如缪西娅·普拉达则倾向于运用比较隐晦的表现方式体现设计的理念，而不是像亚历山大·麦奎恩一样运用那种宏大的、极具戏剧效果的情节式渗透法。

理念与灵感的交织

设计理念与灵感的融合体现了设计的宽度和广度。设计者对这两个方面的深度挖掘不仅反映出其自身独创性的发展，也能体现出那些听设计师讲故事的观众对设计作品有何感想。有些设计师认为服装应该是表达精神和情感诉求的载体，而另一些设计师可能只是为了创造出具有奢华感并能获得审美愉悦感的产品。

日食的变化过程

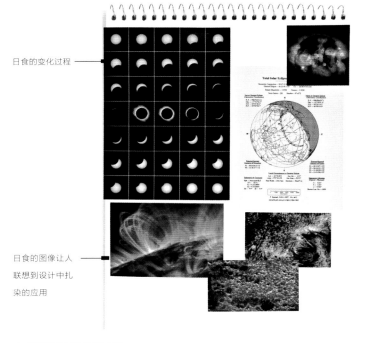

日食的图像让人联想到设计中扎染的应用

▲ 思维过程与事实基础

有效的调研为设计提供了物质和情感基础。光线的变化表明了日食的进程，行星被覆盖的光晕形状就是色彩转变的过程。这种不对称的、不断变化着的结构正好显示了日食的全部过程。

分析种类

在构建情节时，不同的舞台展示出的服装效果不同，要考虑到观众在整个过程中的反应。

1. 介绍部分　开始时，观众将重点放在整个设计的造型上，比如（有腰带的）双排扣外套和面料精良的西装剪裁。由于这一阶段观众的目光集中在垂直的整体效果上，所以展示的大多为休闲职业装。

2. 中心部分　在展示的中间阶段，观众开始通过色彩、质地和造型横向地欣赏服装。这一阶段的服装也开始以搭配组合的方式呈现，使整个过程看起来更自然。比起上一阶段有些隐晦的表达方式，这一阶段的服装开始鲜明地展现整体设计风格。

3. 高潮部分　在整场秀的结尾，当然也是高潮部分，设计师开始以夸张的手法和华丽的晚装向观众展现作品的主题。通常，设计师会通过选取独特的廓型、面料以及对细节的巧妙处理来表现整体设计的特性（这在侯赛因·卡拉扬的秀场中经常见到），或者像卡尔文·克莱因（Calvin Klein）和唐纳·卡兰两位设计师一样，将结尾部分作为对主题的拓展。

强调重点

如何更好地强调理念取决于设计师对对比的运用。如艺术家要想表现暗度，就要使用一小部分的亮色。同样的，设计师要想强调作品的柔软和悬垂感，就要使用一部分具有结构感的设计来搭配。通过"阴阳"的形式来表现对比，可以使设计师的灵感更好地表达出来。

设计师最初设计了一个圆形标识来代表其灵感来源

中心色可以是从浅到深的过渡

下摆的圆形使人联想到新月形的轮廓

前后缝饰的不对称结构受移动中的行星这一动态过程的启发

▲ 预科生风格 / 嬉皮风格

当我们对一些有代表性的生活方式进行研究时，会了解服装是如何通过色彩、面料、廓型和细节设计来表现身体特征的。另外，不同群体的价值观也为服装的造型和用途提供了设计标准。

▲ 极大风格 / 极小风格

从建筑的内部构造、审美倾向、色彩搭配、外部结构及其主体部分的细节入手，我们也可以探索出设计的一些内在标准。

通常使用的概念	联想到的灵感配对
有机的 / 直线的	艺术运动：新艺术运动 / 装饰艺术运动
古典的 / 先锋的	政治观点对立：预科生风格 / 嬉皮风格
结构主义 / 解构主义	标志性建筑：包豪斯学校（The Bauhaus School）/ 蓬皮杜艺术中心（The Pompidou Center）
奢华的 / 实用的	法国王妃玛丽·安托瓦内特（Marie Antoinete）时期：凡尔赛宫（Center Versailles）/ 小村庄
有男子气概的 / 妩媚的	日本历史上的服饰：日本武士服 / 和服
经典的 / 前卫的	时装史：有代表性的美式日装 / 解构主义
内部的 / 外部的	花的生物学构造 / 温室
极大化 / 极小化	大教堂通廊 / 内部细节和形式
本地的 / 外来的	外来因素是如何影响现有环境的？

新艺术运动 / 装饰艺术运动

不同主题风格的并列存在来源于各种弧形建筑图形的叠加。可以通过对比不同艺术风格的特点来构建自己的设计风格。

灵感与调研

构建研究项目

- 调研对创作过程如此重要的原因
- 利用阐释灵感的书去记录创造性的研究

作为完成设计最重要的基础，研究的结果可以为你的设计提供无限的想法。

通过获得不同层次但却相互关联的灵感可以帮助你丰富设计的概念和内容。研究过程主要有以下三个部分：

1. 构思想法 最初阶段你要不断探究、处理、深入分析各种灵感，这些灵感有可能是偶然间迸发的。要用文字将头脑中迸发的各种想法记录并整合出来，以便帮助你获得清晰完整的思维过程并概括出基本的主题元素。

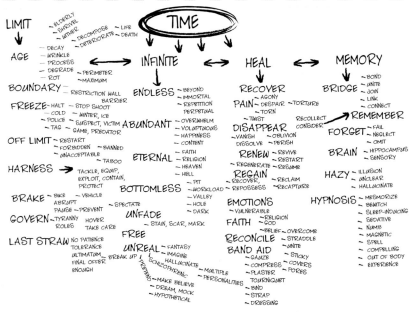

◀ 思维地图
思维地图是确定设计方向的基础。你头脑中所能想到的形容词都可以成为设计的灵感来源，包括风格、态度、色彩、面料以及廓型。

备忘录：探寻灵感来源

- 是否确定了客户群（你的作品为谁而设计）？
- 你的研究是否覆盖了以下四方面（风格、色彩、廓型和细节）？
- 是否对激发了你灵感的原始资料进行了研究？

- 是否考虑到了设计中包含的情感和物质上的起因？
- 在研究过程中是否采用了情节串联图板和参考书目？

- 是否为设计进行了全面的研究并且在深入研究的过程中不断拓展了自己的视野？
- 是否将研究内容融入到了设计的基本要素中？

- 在设计创作的过程中是否考虑了市场的需求？
- 是否将最终产品的视觉效果当成设计中最重要的一点？

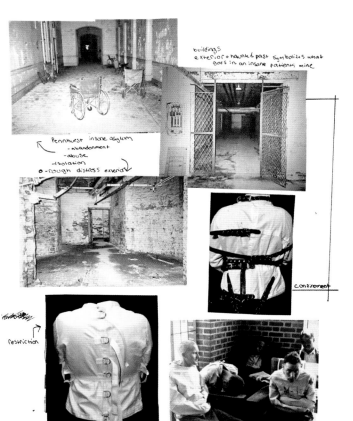

◀ **灵感情节串联板**

精神科护理的发展历程能使我们清晰地定位设计中风格、色彩搭配、面料质地、廓型和其他细节的发展。当灵感提供了足够多的评判标准时，设计过程自然也就顺畅了。

2.分析材料　第二阶段就要开始分析各种材料是如何相互关联的了。通常设计师的时代精神会出现在某一个特定的时期——比如对某种颜色或廓型的偏爱——可能体现在你潜意识里所选中的一些元素上。把这些材料连同参考图像作为一个整体看待，你所需要的样式就会浮现出来，并能够让你清晰地了解应该如何开始你的设计。

3.绘制设计手稿　虽然研究可以为设计提供大量有创意的想法，但最终的产品仍是最重要的因素。因为你的一系列灵感并不能像服装一样出现在市场中，只有服装才能体现出审美需求，并接受市场检验。

◀ **设计手稿**

灵感串联板中的情节，比如限制活动、释放病人和打破束缚等因素，使得这一系列的制服中融入了更为多样化的元素。利用多变的图形和对设计细节上的不同处理，使得整个设计看起来更为丰富。

要时刻关注市场需求

设计师不但要重视设计的创新性，同时也要关注当今市场的需求。在确定灵感及设计主题时，也要关注市场需求的走势和消费者的行为，这样设计出的作品才能占据市场并获得认可。

设计师同样要重视那些容易被目标客户群理解和接受的灵感，尤其是当你希望自己的作品被特定的设计师和品牌接纳时，这些灵感就显得更为重要了。比如那些为Ralph Lauren和Dolce & Gabbana品牌工作的设计师们会对你的灵感做何感想？他们的想法与为Comme des Garçons和Haider Ackemann工作的设计师们的想法又有何不同？原因何在？

重现图案

上衣的束带装饰以及服装的箱形造型使设计更加和谐统一。上衣背心的褶皱层、上衣拉链的位置、扣袢边缘的设计，以及层叠的下摆都通过不同的组合展现了一种重复性的样式。

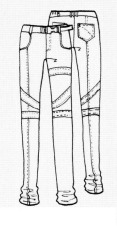
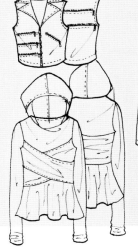

波浪状层叠的雪纺展现了从平面到三维立体箱形结构的变化

戏剧化转变

采用不同的款式和面料体现出从日装（前一页）到晚装的演变。当设计主题演变成最极致的表现形式后，展示也会变得极富戏剧效果。

有助于研究过程的要点

找准为你指引方向的"缪斯"

要立足于你的目标客户群。这些虚构的、但充满抱负的人是如何对你的设计做出限定的？例如拉夫·劳伦和山本耀司这样的设计师，熟悉他们的生活方式、了解他们的性格特点，将有助于你的设计调研。

牢记四要点

要完成设计，你的调研必须包括以下四个基础：风格、色彩、廓型和细节。缺少了这四大元素，你就失去了明确的设计方向和想法，设计中的故事情节也会松散无序。

不断寻找资源

具有原创性的设计都是从基础性的研究发展而来的，要避免"解释套解释"的现象。比如，如果你受到格蕾夫人（Madame Gres，1903-1993）垂褶长袍的启发，那就要深入地研究她采用这一设计的灵感来源——古希腊垂褶服装对于她的启发。

利用参考书籍和情节串联板

与其他能激发兴趣的东西一样，讲述灵感来源的书也可以看成是引发你创作情感的视觉日记。将艺术作品的图像、内部设计、时尚元素、服装细节和处理工艺以及文本等任何对整体设计有帮助的元素整理到一起，以便你能够集中对某一个领域进行研究并创作下一个设计系列。

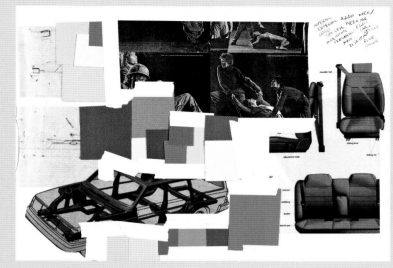

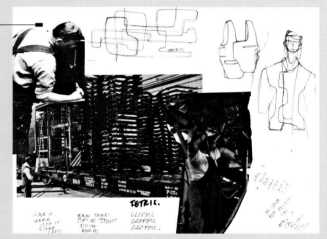

对汽车内部构造的研究可以为作品提供初期的设计标准，这一标准可用于研发图案、颜色和细节

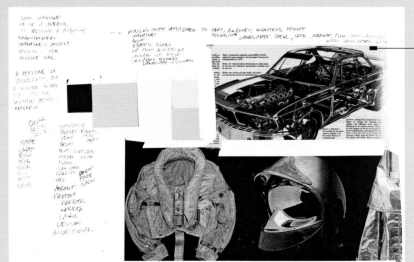

对赛车的研究同样也会拓宽设计想法。在最初阶段对色彩做进一步的搭配，可以使设计风格更加生动

色彩与灵感

- **研运用色彩强化设计**
- **为运用色彩寻找灵感**

色彩是最能引起情感共鸣的表现元素。通过色彩的运用可以更加深刻地表现主题，同时让消费者更全面地了解你的作品。

色彩可以将设计的风格、材质、廓型和产品销售等信息通过视觉与情感共鸣的方式传达出来。色彩可以使观者对作品有一个直接的认知，所以作品中使用的色彩以及其与环境的搭配，都能反映出你要传达的信息。

通过艺术史进行色彩分析

要想解释艺术家和设计师为什么会用那些特定的色彩来表达感情，就要从艺术史中寻找答案。色彩的转变、色标的确定，甚至是观众对色彩作出的反应都在一定程度上影响了历史上曾经出现过的那些艺术运动。对设计师来说，以上因素都会对作品产生很大影响。你希望作品看起来活泼、动感一些，还是安静、隐秘、充满隐晦色彩呢？在整个展示过程中，强调色是如何彰显主题的呢？特定的色彩搭配是否能反映出设计者的特殊偏好、文化情境或特定历史时期的特征呢？

◀ **色彩种类单调时的应对方法**
在色彩种类单调、有限的情况下，设计师就要依靠质地多样的面料类型，比如棉、小山羊皮等，和独特的廓型以及不同的结构来表现系列作品。

备忘录：完美的色彩运用

- 是否对整个设计的色彩做了考量？
- 是否对艺术史中特定的色彩进行了研究？
- 是否注意到了色彩对风格的影响？

- 强调色的运用是否对作品起到了强化作用？
- 是否注意到了特定色彩的搭配所体现出的历史或文化内涵？

- 是否能够明确认知并正确运用基础色、辅助色和强调色？
- 是否掌握了对色彩范围、色彩程度的运用？

- 是否分析了室内设计师是如何运用色彩的？
- 是否了解色彩数量和色彩布局对观众的影响？

◀ 避免样式呆板

为了创作不同的款型，需要通过不断试穿和搭配来确保服装的设计满足消费者的需求。设计师通过色彩的运用和面料的选择来平衡整个设计系列，并使其符合审美需求。

从观者的情感体验中分析色彩的作用，主要考虑以下几点：

- 色标是哪些？它是如何令观者产生感情共鸣的？
- 哪种类型的调色板能改变作品风格？为什么？
- 艺术家通过色彩以及外形想传达什么内容？除了主题，还有什么因素会影响色彩？
- 如果只是改变人物姿势，那么作品风格是否会有所改变？
- 如果作品被同比例放大或缩小，观者的情感会有所改变吗？为什么？
- 不同的色彩搭配是如何反映不同历史时期的特点和文化内涵的？

当你了解了艺术家如何通过运用不同色彩来强调设计主题和内在情感时，你就能更好地掌握创作色彩故事板的方法，并了解如何对色彩进行布局。比如，你是如何看待Missoni品牌毛衣秀所采用的色彩，或是2011年拉夫·西蒙（Raf Simons）为Jil Sander品牌春/夏系列设计的那种简单利落的几何形大色块的？

色彩应用

设计灵感确定之后，就要开始创作色彩故事板并选取面料了。这一阶段要将消费者的审美趣向和色彩所能产生的效果联系起来。不论你的灵感是如同摩洛哥的香料市场一样丰富（在这里你可以为你的灵感找到适合的色彩表达方法），还是像儿时的记忆一样模糊不清，你都要时刻明确基本色、辅助色和强调色。比如，秋/冬季系列作品中的基本色调要包括木炭色和驼色，以白色、浅土黄色和天蓝色为辅助色，而以石榴红为强调色。将基础色和辅助色作为主要部分，同时通过在不同位置和不同范围内运用强调色来体现整个作品的主题，比如从多层纱的单色针织女衬衫到以印花风格表现强调色的时装款式。

借鉴室内设计原则

对室内设计图像的研究有助于设计师正确运用色彩。和谐的色彩搭配、先进的工艺技术和富有现代感的家具摆设构成了完美的空间设计。不论怎样搭配色彩，设计师都不应该平均地使用每一种色彩，必须要在作品中展示出哪些是主体，哪些有强调作用。只有完全了解了色彩数量比例的分配和在不同位置的运用会给观者带来怎样的感官体验，才算掌握了色彩运用的技巧。

作业
使用室内设计调色板

选择一张精心设计的室内装修图来构建一个色彩图表是非常有帮助的。色彩图表可以反映出不同色彩的比例和所处的位置情况，同时也能让你了解设计师的色彩方案，并将其应用到自己未来的设计中。可以重点考虑以下几个问题。

- 你是如何以室内空间的色彩搭配为基础进行时装设计的？
- 如何在设计中运用强调色：运用到起装饰作用的窄幅织物上、放在印花图案上或服装内层中、与针织衫的中心色混合搭配还是作为装饰色使用？
- 是否还有其他的创新方法可以用来体现色彩的变化？

选择面料

合适的面料可以更好地表达设计作品，我们可以将其看成是设计的开端，同时，它也可以将设计师的想法准确地传达给观众。

• 选择合适的面料
• 立裁与设计理念相匹配

选择面料是一门艺术，如同一位技艺高超的师傅以个人的特点，通过创新手法赋予相似的东西独一无二的特性一样。服装设计师要从两个方面设计创作。

一是不断完善作品，要将设计技巧最大限度地展现在实践过程中，这样才能拥有完美的设计。

二是运用合适的色彩和面料激发灵感并构建作品风格。之后，你就要开始下一阶段的工作了：使用人台开始立裁设计，这样才能确保面料的质地和悬垂性符合作品的要求，这是确定面料必不可少的步骤。同时，也要把选择的过程展现在设计手稿中。

把设计作为重点

合适的面料可以更好地展示那些缝制精细、结构复杂的作品，同时又不会掩盖设计本身的光彩。设计时，要把重点放在面料或服装结构上，确保两者不会互抢风头或出现其中一方掩盖另一方的情况。比如，用羊毛制作有侧缝的女士晚礼服，由于面料的质感厚重、密度过大，因此会降低礼服性感的线条表现力。同样，带有印花图案或串珠的面料更适合用来设计简单、无肩带的晚装系列，而不适用于那种风格硬朗的服装造型。

▶ **鲜明的对比**
面料可以实实在在地体现你要表达的东西。从奢华的皮草到光滑的高科技纤维，这些都可以清晰地展示你的设计理念和最终效果。

发挥面料自身在设计中的作用

要通过面料自身的重量和悬垂性来表现服装的造型。如果面料不能与造型相搭配的话，那么设计就会缺乏表现力——这样就会使整个作品失去说服力和相应的水准。如果面料本身柔软、悬垂性好，就不需要刻意去剪裁。如果要设计大气、硬朗的服装，就要确保面料本身的挺括感，而不是依赖后期一些复杂的工艺去达到效果。

面料都有自身的特性，通过造型强调其特性能够更好地彰显设计的魅力。对薄而轻的绸缎要采取宽松的剪裁，这样才能表现其轻盈、透明的质感；而对质地厚重的面料则要尽量避免打褶或悬垂，这样才能彰显其简单、合体的特点；对像查米尤斯绉绸这类光亮、细软的面料，则可以采用打褶、斜裁的方式来体现其灵动的美感。

备忘录：面料的细节问题

• 面料能否表现设计的概念和主题？

• 能否与整个作品的风格相一致？

• 是否考虑了消费者的需求、审美趣向和生活方式？

• 之前选取的面料是否还能满足当下市场的需求？

• 通过对面料进行技术和生产工艺等方面的改进，能否提升设计整体的表现力？

• 面料是否符合设计的整体定位和视觉效果？

• 面料的选择是否符合当下的流行趋势并有足够的发展前景？

• 设计作品中是否涵盖了各种质地的面料？

• 选取的面料是否符合当下季节的需求，同时可以适当调节温度对人体的影响？

这幅柔美的印花图案受到了人体器官的启发，表现了设计师的一种黑色幽默以及其对设计细节的关注

讲故事

织物的质地、重量和色彩等方面的相互作用创造了一个充满动感的面料故事板。设计师对织物的运用以及对面料特性的把握，体现了作品的灵感来源。面料可以通过衬里织物或针法结构进行改进；而当模特穿上服装的时候，就能展现出这些改进所带来的魅力了。

变换面料的重量

不同重量的面料可以确保服装廓型和结构的多样性。作品可以设计为简单利落的款式，也可以是悬垂性强并且柔软的造型，但同时可以加入一些相反的元素通过对比强化设计主题。这一方法在绘画中也很常见，如为了表现昏暗的色调，艺术家必须要使用一些明亮的色彩与之形成对比，才能达到效果。

设计师常用的方法是在同一个系列的作品中，用不同的面料剪裁两款样式相同的服装，从而将不同的面料特征用相同的廓型体现出来。比如，一件军用防水短上衣可以用粗糙挺括的棉帆布剪裁作为日装，而用光滑的查米尤斯绉缎剪裁作为礼服使用，只需在细节和比例上稍作改动即可。这不仅可以使同一款设计产生两种视觉效果，同时也确保了设计的内在统一性。另外，这种方法对板型制作来说也是非常有效的。

▼ 对比性和一致性

不同的面料在设计中形成的这种对比强烈的效果使作品产生了一种古怪但又和谐的审美趣向。同时，不同的廓型和制作方法也将这种对比表现得更加明显。

手稿册

十项准则

作为时装设计中最重要的方面之一，设计手稿将整个作品的完成过程以文本的方式呈现在大家面前。

1 合适的图册大小

大小适当的图册能够简洁、清晰、明了地表达你的设计。手稿册中人物大小比例、纸张宽窄以及个人对纸张、图册样式的喜好，都是影响作品最终呈现效果的因素。首先要清晰地表达你的设计理念——没有人希望翻过几十页的设计图，却只看到一堆毫无头绪的概念堆砌在一起。

2 完整有序的设计大纲

要保证整个图册的每一页都是基本一致的布局，这样才能确保观者将注意力集中到你的设计上。每一套完整的大纲要包括灵感来源、面料样本展示、40~50页效果图、配饰页和六至八款最后编辑好的款式。

3 明确的设计意图

要学会使用注释、款式图、合适的面料、恰当的色彩以及适当比例的手稿来表达整个设计意图。每页要包含恰当数量的款式图，这样才能确保在有限的页面中完整地表达出设计的每一个细节问题。

4 全面、深入的设计情境

要逐字推敲整个设计概念及相关的各个方面，之后要从廓型、面料处理、制作工艺、色彩选取和服装结构等方面考虑。这些是否与最初的设计想法吻合？如果将其放到更宽广的情境中，是否还能与最初的设计理念相一致？

5 美观的页面设计

考虑设计手稿中人物的姿势和位置是否能够吸引观者的注意。可以利用窗口、装饰板等实物进行空间布局，为观者营造一种视觉氛围。设计师所要呈现的审美趣向都要通过设计手稿展示在观者面前，所以一定要让观者的聚焦点集中在服装上。

6 多样化的设计方法

手稿册的主要目的是扩展设计想法，并通过不同的版本来发掘更多的灵感。比如，改变服装的比例结构和细节，考虑在同样的廓型中用新的方式进行设计制作，或在相同系列的其他款式中改变造型或主题以使整个系列更加完整。

7 有效的销售策略

高效的销售团队懂得"一站式"销售的诀窍，即向人们展示一款运用了不同面料搭配和造型，并且在多种场合都可以穿着的服饰。

8 鲜明的特征

在设计作品中体现出独特、明确的个性特征，并在设计过程中不断强化这一概念。通过效果图图、人物造型、布局、作品结构、图册风格、绘画风格等方式，让这种个性特征跃然纸上。

9 以销售需求为重点

不论是设计晚装、牛仔服、职业休闲装还是度假服，都要将消费者的审美趣向作为考虑重点。

10 以客户满意为宗旨

好的设计手稿要能够即刻投入使用并取得令人满意的效果。你的设计要展示给很多人，所以要确保其经得起推敲，不论是面料的选择还是各种装饰。另外，还要确保观者能从中受益。

▼ 设计作品指示说明

设计手稿要完美地体现设计的清晰度、结构布局、样图大小以及设计方法。设计手稿不但要将观者的目光集中在设计师的艺术方向上，还要使其集中在整个服装所呈现的样式上。

11 in. (279 mm)

1. 选取大小合适的图册绘制手稿，将服装款式和配饰搭配在作品中体现出来。

2. 清晰明了、突出重点的设计布局才能吸引观者的目光。

3. 图解文字要简单明了，并对产品生产有所帮助。

4. 每一款设计手稿都应体现设计灵感来源。

5. 效果图是否能吸引观者目光？好的效果图能让观者始终保持兴趣。

6. 展示设计的变通性——从其他款式中借鉴一些元素，从而设计出崭新的款式。

7. 是否给消费者提供了多种选择，使其体会到"一站式"消费的乐趣？

8. 即使是设计中非常小的细节也要体现你所要表达的服装特点。

9. 如何使设计满足不同客户的需要？

10. 设计要简单明了、易于理解，并且要经得起推敲。

手稿册

设计与构图

- **创作一流的设计手稿册**
- **了解时装插画师的作用**

对于服装专业的学生和未来的专业设计师来说，创作手稿册是非常重要的部分。

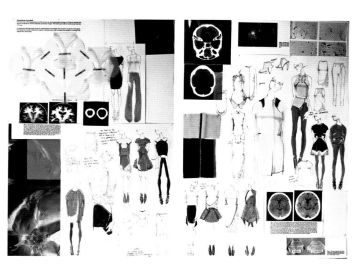

▲ 分层呈现设计过程

草图册要包含每一个主要元素的选取过程。上图体现了设计师选取不同创作元素的过程。

作品手稿册可以展示你的设计才能与天赋，也可以将你的设计想法展示在观者面前。手稿册体现着你独一无二的设计世界，同时将整个创作研究过程、设计灵感来源、设计发展和面料选取等过程以文本的形式呈现给观者。

虽然手稿册主要体现的是设计创作的过程，但也能让那些未来的观者了解到你的审美趣向以及整个作品的结构组成。所以，要重视手稿册的每一个细节——从纸张大小到插图方式，从页面设计到文字注释。在学习本书提供的手稿册时，要问自己以下几个问题：

- 为什么这些作品可以引起观者情感的共鸣？
- 它们是如何表现人物特点的？
- 每一页的创作是如何完成的？
- 这些作品为什么有趣？它们是如何吸引观者的？

在创作自己的手稿册时，为了表现整个设计的审美趣向，你应该明确怎样创作作品结构。虽然手稿册中包含了各种类型的服装款式，但它们都要展现同一类消费者相同的内在需求，这就对你的设计提出了要求，即要将服装的审美趣向作为设计的重点。

备忘录：手稿册设计

- 手稿册是否展现了你的设计才能与天赋？
- 手稿册是否展示了整个创作过程、灵感来源和面料的选取过程？

- 观者是否可以通过手稿册了解你的审美趣向？
- 手稿册每一页的结构布局是否合理？

- 手稿册是否很有趣？是否能够吸引观者的注意力？
- 手稿是否与整个设计的审美趣向相一致？

- 是否考虑了手稿册大小的问题？
- 是否对手稿册中的作品造型或插图做了精心安排？
- 作品是否简洁明了？

▲ 注意细节

不论是服装廓型的设计，还是面料的选取，平面款式图都可以帮助你进一步了解服装构造、设计细节和剪裁比例等细节问题。

▼ 全面审视

包含文字说明的立体图像能更加清晰地表现作品。在验证设计想法时，也可以帮助你完成从平面设计到立体设计的过程转换。

这个系列的手稿准确地表现出设计师在服装样式和比例上的细微变化

十大著名插画师

1. 托尼·威拉猛岱（Tony Viramontes）	（1960—1988）	
2. 大卫·当顿（David Downton）	（B. 1959）	
3. 史蒂文·史迪波尔曼（Steven Stipelman）	（B. 1944）	
4. 安东尼奥·洛佩兹（Antonio Lopez）	（1943—1987）	
5. 乔·欧拉（Joe Eula）	（1925—2004）	
6. 肯尼斯·波尔·布莱克 （Kenneth Paul Block）	（1924—2009）	
7. 勒内·格鲁瓦[Rene (Renato) Gruau]	（1909—2004）	
8. 勒内·布歇尔（Rene Bouche）	（1906—1963）	
9. 艾瑞·卡尔[Eric (Carl Erickson)]	（1891—1958）	
10. 约瑟夫·克里斯蒂安·莱安克 （J. C. Leyendecker）	（1874 - 1951）	

其他一些著名的时装插画师包括：费朗索瓦·贝尔索德（Francois Berthoud）、马兹·古斯塔夫森（Mats Gustafson）、伯纳德·布洛赛克（Bernard Blossac）、赫尔德·格林（Gerd Grimm）、里卡德·罗森菲尔德（Ricard Rosenfeld）、比尔·多诺万（Bil Donovan）、史蒂文·布罗迪（Steven Broadway）、格伦·滕斯托尔（Glenn Tunstull）、鲁本·托利多（Ruben Toledo）、约翰·赫尔德（John Held Jr.）等。

体现审美趣向的设计布局

回想一下服装零售店的设计布局，从店铺的入口、服装摆放的位置、家具的陈设、地板的选材、灯光甚至是背景音乐的选择，所有这些都反映了设计师独特的情感世界，并带给消费者不一样的购买体验。想象一下，如果你走进一家名牌时装店，而里面所有的服装都被移走，那会是怎样的情形。从约翰·帕森（John Pawson）为CK品牌在纽约市设计的简洁而富有工业气息的时装店，到其为Ralph Lauren品牌设计的富有高贵气息的橡树背景休息室，室内设计体现了服装的风格，以及品牌对于目标客户群的定位。同样，手稿册也要体现设计作品的这些细节（就像时装店一样）。

运用最适合的材料

布局页面、改进平面图的人物造型以及完善创作过程，这些都有助于表现整个设计作品的风格。掌握各种创作工具，同时了解当下和过去的时装插画作品，这些都会对整个设计有帮助。通常来说，虽然专业的服装插画师不是设计师，但他们为设计师所搭配的那些插图可以准确地体现作品的风格。水墨（中国和日本使用的那种）、水粉、马克笔、彩铅、石墨、拼贴画、水彩甚至是粉笔，这些工具可单独使用也可综合运用来表现你的设计作品，吸引观者，并强调你的目标客户群。

设计简明易懂的作品

通常，你需要在短短几分钟的采访过程中就要让作品获得别人的认可，所以要确保你所设计的作品能即刻被理解并获得认可。

平面与立体的相互作用

在面料选取阶段，要将其应用在人台上才能得到最佳效果。同时还要考虑其放置的位置及选取的比例

- 从各角度考虑设计作品
- 运用立体剪裁来明确最终的设计方案

从设计理念到实际创作服装的过程中，只有掌握好设计平面图和立体制板两者之间的关系，才能顺利完成设计工作并不断产生新的创意。

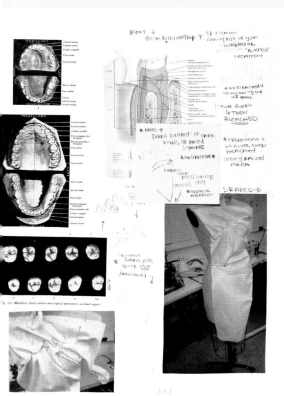

◀ 牙齿设计模板
从牙齿的结构中获取了面料褶饰与线缝工艺的设计理念。将这种工艺运用到立裁中，使整个设计变得相对容易了。

要想使作品获得成功，就要关注服装的每一个方面，包括面料选取、服装整体比例以及其他各方面的细节。虽然设计师在创作过程中会注意到前后衣片结构的设计，但最关键的还是要从各个角度关注整个服装的结构。杰弗里·贝尼在这方面做得就非常出色。他从事服装设计之前是医学院的学生，对人体和人体工程学都相当感兴趣，所以在设计中对于立体三维的设计驾轻就熟，所有立裁设计的工艺在他的设计中总能体现得淋漓尽致。

运用不同的设计方法

设计师不但要同时掌握平面制板和立裁这两种创作方法，还要深刻理解两者在每一个设计阶段的相互作用，这样才能更好地完成服装设计。每一个新的设计灵感都来源于上一个环节的创作过程中。

在创作过程中要时刻反思自己是如何运用这两种设计方法的。只有熟练地掌握了平面创作和立裁这两种方法，才能使你的作品更具广度和深度。

备忘录：从平面到立体

- 是否关注了设计的每一个角度？
- 平面制板与立裁在作品创作中是如何发挥作用的？
- 平面制板和立裁是否有助于扩展作品的深度和广度？

- 立裁是否有助于发掘设计灵感？
- 作品最终呈现的面料重量是否与选定时一样？

- 悬垂性织物的色彩是否自然？
- 是不是出现了一些在草图设计阶段尚未形成的新想法？

- 是否对服装的整体设计和细节部分都进行了拍摄？
- 从以前的照片资料中是否可以推测出一些未来流行的服装造型和设计细节？

◀ 单件的设计造就完美的系列
简单地变换一些细节的位置就能使整个服装的
造型和细节比例展现出完全不一样的风格。

记录创作过程

　　袖窿处的几何结构、柔软飘逸的领口设计、细部雕塑感十足的缝合技术、腰线处加捻面料的运用，以及胸围线处类似手工折纸的层层褶裥及褶痕等细节，都需要设计师做好相应的记录，同时要确保从各个不同的裁剪角度对整个设计进行记录。对服装设计作品的整体拍摄可以使设计师从全局上把握整个设计的发展脉络，而对细部的特别关注则会激发设计师更多的设计灵感。

发现问题并改正

　　重新审视自己的手稿册，从作品的整体入手，思考选定的面料是否还可以设计成其他的造型；再从细节部分入手寻找可以创新的设计点，比如能否加入一些新的元素或是在样式上是否能有新的突破。

　　如果将不同的面料运用在相同的造型中，最后的设计会有怎样不同的效果？如果将面料比例扩大或缩小，那么效果会有何变化？面料在整个服装中位置的变化又会对最终的呈现效果有何影响？对设计手稿进行一系列这样的思考之后，就要对服装的款式做一些改进并从最近的手稿作品集中寻找更多的设计灵感。

从创作设计手稿开始

　　设计手稿创作要包含人物着装效果图、服装平面结构图和细节部分，这样才能对设计进行全方位的测评。然后，就要通过立裁来展示整个造型和细节设计了。

确定设计形式

　　在立裁过程中要不断地发掘新想法，同时也要富有冒险精神。最初的手稿只是设计的开端，在立裁中呈现的样式才是设计的关键。选择重量与悬垂性和预期差不多的面料，比如重量适中的白坯布或平针织物，这两种面料质地的强度和弹性差不多。不论你最终选择哪种面料，其色彩都要淡，这样才能使关注点集中在服装的廓型上。

　　在立裁过程中也要不断地对已经形成的设计理念进行更新。一旦碰到有意思的设计点就要即时记录下来，或直接融入到设计中去，之后采用别别针、裁剪、添加、移除衣片等方法不断完善设计。这样不仅能够更新最初的设计理念，而且能够激发在草图设计阶段没有发掘到的东西。

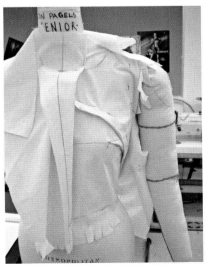

▲▶ 立裁前／后
虽然作品是从画图的平面过程开始的，但是之后的立裁过程才能暴露出设计的缺陷，并能让设计师在此基础上不断改进、完善。

选取与编辑

产品营销方案

- **设计具有商业价值的服装系列**
- **将想法融入到最终的作品集中**

当设计师把客户需求、市场消费动力、行业规范和自我期望等因素都考虑到作品设计中时，整个设计系列才算初步成形了。

要想最大化地提高产品销售业绩，必须全面了解客户需求，同时关注时装发展趋势、建立与零售商和目标客户群的良好关系，并且为自己的时装品牌制定行之有效的产品营销策略。对一些设计师来说，在T台秀场上发布的时装系列是为了获得更广泛的媒体关注度，而之后经过改良的二线服装系列款式才是以生产和销售为目的的。但对另外一些设计师而言，所有的设计都要严格按照销售策略进行，包括不同种类服装款式的生产份额、比例等，都要以最终的零售消费市场作为导向。

▼▶ 变换设计强度

设计师要精心安排服装系列的展示顺序，这样才能更好地传达服装风格并突出设计的高潮部分。下图这组服装以硬朗的廓型开场，逐渐过渡到对面料质地和印花图案的表现上，而结尾几款舞台感十足的设计则更加注重对色彩和主题的展现，完全展示出设计师的创作理念。

备忘录： 设计系列的营销策略

- 设计的美学价值和经济价值是否可以通过销售得到实现？
- 产品营销策略能否满足客户"一站式"购物的需求？

- 潜在客户群是否具有足够的品牌忠诚度？
- 是否对品牌的未来发展制定了战略性规划方案？

- 设计细节是否能反映不同层次的设计强度？
- 是否根据季节变化对面料的选取做了相应调整？

- 是否对将要展示的最终款式的效果图进行了编辑设计？
- 进行白坯布样衣制作前，是否对效果图做了相应调整？

抢占市场份额

产品销售策略的重点就是要为消费者提供"一站式"购物服务：让消费者可以在同一个品牌中完成对衬衫、夹克、大衣、外套等所有服装类型的购买。一个完整的服装系列要为消费者提供多样化的产品，同时这些服装样式还要体现不同的设计强度及风格。整个服装系列要在风格、面料选取以及价格定位上保持一致，除了要有一部分比较大众的服装样式外，还要设计一部分既可以满足不同类型客户需要，又可以为核心客户提供适合不同场合穿着需要或展现不同风格的基本款。这和运用不同种类的面料进行创作是一个道理：不但能体现季节的变化和多样的造型，同时也能通过不同的制作工艺对设计灵感做出不同的解读。

对效果图的编辑设计

不论最终作品集中所包含的服装款式有几种，重要的是在设计手稿完成后，要把最后确定的款式按照将要展示的顺序进行编辑。编辑的过程中允许设计师对创作进行细微更改，以便使之后的白坯布样衣制作过程更加顺利。

通过对款式的整合、编辑，设计师可以从色彩趋势、面料运用的位置、制作工艺、主题的体现、廓型的聚合性及设计强度等方面对作品有一个更加深入的认知。以传统的日装外套系列为例，通过混搭的着装方式，消费者可以获得完全不同的穿着体验。

lauren burnet.

▲▶实验性创新印花设计
运用不同种类、规格和着色方式的面料对服装进行后整理加工，可以丰富作品创作的内容。

选取与编辑

七种经典款式的系列设计

随着季节和客户需求等因素的变化，设计师对产品销售策略也会做出相应的调整，但是服装系列中的一些基本款式是不会经常变动的。

1 两至三款外套

大多数外套系列中会包括一款西服式外套、一款短外套和一款在面料或廓型上比较创新的外套。以秋/冬季系列来说，一般包括一款为职业女性准备的四分之三身长的驼毛外套，一款长及臀部、重量适中、适合秋高气爽时穿着的羊毛厚呢大衣，以及一款为参加周末休闲活动准备的开司米羊毛衬里的前拉式尼龙帽衫。另外，这个系列还要包括春/夏季系列的设计，面料可以采用棉布、轻型尼龙和适合春、夏季穿着的薄型羊毛织物。

2 一至两款夹克

虽然不是所有设计师都会设计传统的修身夹克，但作为经典服装类型之一，一些设计师还是会运用各种面料对其进行创作，包括羊毛、棉布、皮革（熟皮）和绒面革、尼龙，偶尔还会采用一些针织面料。夹克的款式主要包括：为职场人士准备的可与长裤搭配的修身夹克；带有印花图案、肩部线条柔和、适合在一些非正式场合穿着的皮革制夹克，这一款式也可以当外套使用；或是剪裁怪异、金属感面料的运动夹克，这一款式多用于聚会等休闲场合。

3 两至三款衬衫/上衣

这一类服装的设计款式多样：可以是简单大方的经典款，这类款式可以和其他服装一起搭配穿着；也可以是比较复杂的样式，这类款式最好单独穿着以凸显其独特的设计。有些设计师会使用各种面料进行设计，而有些设计师则根据品牌特色，只用一种固定的面料制作。另外，衬衫/上衣的设计需要特别注意面料的选择和色彩的搭配。经典的纯白色打底棉质衬衫，用半透明薄绸和丝质乔其纱制作的多色印花衬衫，以及珠光色的查米尤斯绉缎斜裁小上衣，以上这些就是一个完美的衬衫系列设计了。

4 两至三款针织衫

和衬衫设计类似，针织衫既可以设计成经典的打底款式，也可以设计成适合单独穿着的款式。每一个系列作品中都要包含不同的面料以及多样化的设计风格，这样才能满足不同客户的消费需求。针织衫的款式可以包括长袖T恤衫、手工缝制的紧身运动套衫、设计合体贴身的山羊绒外套、罗纹针织开襟羊绒衫、厚度适中带有多色图形或图案的棉毛衫，以及带有强烈雕塑感的毛衣。

◀ 主题再现

虽然不同的面料会使服装最终呈现的效果有所不同，但图中这几款肩部造型设计精致的箱形服装样式凸显了设计系列的协调性。

◀ "一站式"购物

为消费者提供多样化的款式有利于产品的推广。

5 两至三款裤装

设计师要为消费者提供多样的裤装选择，不论是从款式设计、细节处理还是从制作工艺上。比如，阔腿裤和细腿裤，腰线处带褶皱和不带褶皱的裤子，合体的西裤和腰部有束带的裤子，甚至是带针织绑腿的裤子。有的裤子则运用了多种缝纫法，而有的则采用了卷边的样式。阔腿裤可以凸显上身线条，瘦腿紧身裤可以拉伸腿部线条，而用尼龙或绸缎等面料制作的裤子更能彰显与之搭配的其他服装的特点，而且色彩表现力也更强。但不论你选择哪种服装设计，都首先要考虑服装的用途。另外，裤装设计中也要有为春/夏季准备的短裤样式。

▼ 多种面料样本的呈现

在可选色彩有限的情况下，就要通过不同质地和重量的面料来进行创作设计，这样才能避免设计过于单调。

6 两至三款半裙

与裤装类似，半裙也要根据不同客户的不同需求进行多样化的设计，不论是在面料的选择、裁剪，还是设计细节的处理上。一个完整的半裙系列作品要为客户提供适合各种不同场合的裙装款式，以便搭配不同类型的其他服装。

7 一至两款连衣裙

根据客户的不同需求以及整个设计系列的风格，连衣裙的设计可以款式多样、结构繁简不一：比如有为了凸显色彩或上衣而准备的简单直筒紧身裙，有适合正式场合的、雕塑感强烈的无光针织塔形裙，以及适合夏天穿着的棉质薄纱裙（也叫巴里纱）。设计师可以通过设计强度和制作工艺强调连衣裙本身的效果，也可以通过配套服装的色彩搭配或整体的图案设计来展现整个系列的风格。在决定设计之前，设计师要找准定位，这样才能创作出别具特色的服装。

◀ 令人眼前一亮的服饰搭配

对比强烈的面料搭配使整个设计更具吸引力。图中波浪型的薄绸纱裙搭配厚重的皮革外套，凸显出穿着者的个人气质。

白坯布与样衣制作

完成效果图、平面款式图设计和面料样品的整理工作后，设计师就要在样衣制作的基础上进行整个服装系列的设计了。

- **最大限度地利用原型制作**
- **强调最终选择的重要影响**

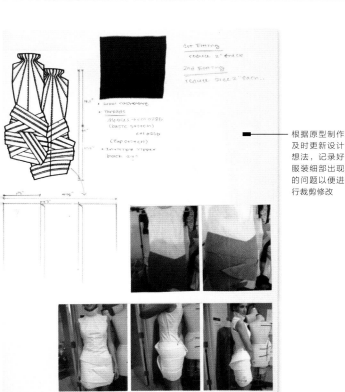

根据原型制作及时更新设计想法，记录好服装细部出现的问题以便进行裁剪修改

在使用最终确定的面料进行设计前，用白坯布在人台上进行剪裁可以帮助设计师解决一系列有关服装尺寸、合体度以及廓型等方面的问题。设计师要明确的是，一旦开始剪裁，那些设计手稿就只能作为参考了，因为平面图与实际的裁剪是有很大差异的。所以，在裁剪的过程中要不断对原有的设计想法进行改进，并找到更加合理的设计方案。如果你最终在人台上的裁剪与之前的设计手稿没有任何区别，那么你的创作是失败的！

白坯布，又称薄亚麻织物，是一种廉价的素色面料。裁剪时要确保白坯布的重量和最终服装作品使用的面料重量相似，这样才能呈现出预期的服装效果。

一旦开始立裁，不论是款式，还是各种平面设计的原始想法，都只能作为设计参考，设计师要不断对其进行修正、改进，以使自己的创作更符合服装设计要求。

◀ 记录变化

通过做笔记、修改草图和拍照，对模特的整个试穿过程进行跟踪记录，及时发现实际立裁中存在的问题，确保服装细节部分的修改工作更顺利地进行，以达到预期效果。

备忘录：白坯布制作过程

- 是否在样衣制作阶段对设计进行了详细的分析？
- 面料重量是否与廓型相匹配？

- 立裁是否在原始手稿的基础上有所改进？
- 最终设计方案确定前是否已将所有款式用白坯布进行了样衣制作？

- 最终设计方案确定前是否从整体角度对样衣制作进行了分析？
- 用白坯布制样衣后，整个作品系列是否仍旧与预期效果一致？

- 是否有充足的时间进行概念创作？
- 每个细节部分的处理是否符合要求，比如纽扣的大小或串珠的工艺？

试衣模特：尺寸标准

	身高	胸围	腰围	臀围	鞋码
男性	6 英尺~6 英尺 2 英寸	38 英寸	31 英寸	39 英寸	11 码~12 码（美国标准）
	(183 厘米~188 厘米)	(97 厘米)	(79 厘米)	(99 厘米)	(45 码~47 码欧洲标准)
女性	5 英尺 10 英寸（及以上）	32 英寸~33 英寸	25 英寸~26 英寸	36 英寸~37 英寸	8 码~9 码（美国标准）
	(178 厘米+)	(81 厘米~84 厘米)	(64 厘米~66 厘米)	(91 厘米~94 厘米)	(38.5 码~39.5 码欧洲标准)

设计手稿中那些有价值的设计想法或是令人眼前一亮的服装造型，有可能在裁剪的过程中达不到预期的效果，这就需要设计师根据实际情况对设计做出适当的更改和调整。不要把设计手稿中的每一个细节原封不动地搬到立裁中去，要有取舍地通过立裁进行二次创作。

在制作最终服装样品前，要用白坯布对所有款式进行样衣制作。同一系列的服装设计强调款式间的关联性，在创作最终成品前要先用白坯布完成样衣制作，这样可以确保服装风格的统一性，使设计师更加明确设计方向，同时也为设计师提供了充足的时间去完善设计想法。

◄ 观察活动
试穿为设计师提供了进一步润色作品的机会，同时也提升了整个服装的实际效果。

试穿包括坐姿和站姿，以便更好地发现设计中存在的缺陷

◄ 善于从现实中寻找灵感
在设计的过程中，不但要从草图中寻找灵感，更重要的是从现实生活中寻找可用的素材。很多服装款式中奇特、复杂的褶裥设计，不是设计师凭空想象出来的，而是他们从实际生活的很多物件中发掘出来的。

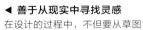

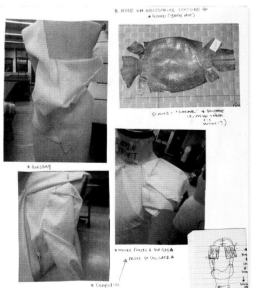

白坯布与样衣制作

七大要点

在白坯布样衣制作过程中需要完成一整套连续的创作，之后才能开始最终样品的设计工作。

▲▼ 全面掌握面料的特性

用白坯布进行创作时，要全面掌握各种面料的特性。图中这种夸张的褶痕和流畅的缝合手法需要在那种波浪式、光滑的面料上才能发挥效果，比如查米尤斯绉缎和薄绸。

1 如何统一廓型？

回顾整个系列设计中的廓型。是否重复使用了廓型使整个设计看起来很和谐？还是通过廓型的变化来保持整个系列的连续性？比如Dior品牌1955年推出的A形春装系列和1954年推出的H形秋装系列，这种廓型的重复加强了服装主题的表达效果。

2 所选用的面料是否能够与廓型相匹配？

在最终确定面料之前，首先要做的就是将几匹不同的面料运用到人台上进行"模拟立裁"。从最初的设计手稿中提取原型模版，并进一步确认所选面料是否符合设计要求，最后找到组织结构和重量都与廓型相匹配的面料。

3 设计师如何最详细地了解面料特性？

由于可选择的面料种类不胜枚举，因此设计师需要了解各种面料的特性，比如薄绸剪裁宽松、呈波浪状；而质地柔软、有光泽的面料在不同的光线下会产生不同的视觉效果。设计师最好在白坯布创作阶段就尽可能多地通过裁剪来找到适合的款式、比例，这样就不用在之后的创作中花大把时间重新裁剪。

4 试穿和样式调整

在整个制作过程中，你会期望由真人模特试穿你的设计。因为这样不仅能真实地呈现服装的效果，而且也可以让你用一种发展的眼光来审视作品。一个训练有素的模特能清楚地知道哪些地方需要修改，而且了解样式应该如何调整。为了使产品获得市场的认可，这一点是非常重要的。很多设计师之所以有一批忠实的消费者，就是因为其服装非常合体，这在牛仔服市场更为明显。在模特试穿后，设计师要对样式等进行改进，之后才能开始裁剪面料。

5 以设计系列为整体做出评价

对系列作品中的前三款和最后六款设计都要进行测评。不仅要对服装的制作执行过程、合体性以及设计意图进行评价，款式之间的关联性、消费者的需求、产品的销售策略等内容也在测评的范围内。对基本款式进行测评的内容还包括：面料样本、面料处理、针织与编织、后期加工和面料规格等。一旦对最终选

择的面料进行裁剪，设计过程也就完成了！

6 制作整理：关键步骤

系列作品体现的就是款式之间的关联性，而不
单单是对某一款式的单独展示。尽管设计师都
期望把自己设计的所有款式全部呈献给观者，
但为了凸显整个系列作品的主题和设计概念，
常常需要舍弃个别款式以便形成统一的风格。
比起完全满足观者的审美需求，让他们始终对
设计抱有一种渴求才是设计的最高境界。

7 对设计细节进行核查

设计通过最后的审核前，必须要对所有的面料
样品进行核查，并仔细检查其各个规格是否符
合要求。对丝网印、针织样本、装饰用衣褶、褶
裥处理、串珠、布局设计、纽扣大小等工艺细节
都要进行严格检查，以使其顺利通过最后的审
核。除此之外，更重要的是要对那些独立于廓
型之外的工艺，比如有特殊要求的印花工艺等
进行最后的核查。

▲ 作品检查

将整个系列设计作为一个整体进行评鉴、思考：
作品系列是否有统一的概念？风格是否统一？面
料搭配是否恰当？服装的尺寸、比例和整个廓型
能否表现出预期的审美趣向，并迎合市场销售多
样化的发展趋势？

▶ 融入风格化元素

将风格化元素添加到最初的白坯布样衣制作
中，这样可以更好地表达出设计的样式。尤其
是在不同的面料上处理缝合的细节或再现主题
图案时，这种加入风格化元素的创作方法更能
起到辅助设计的作用。

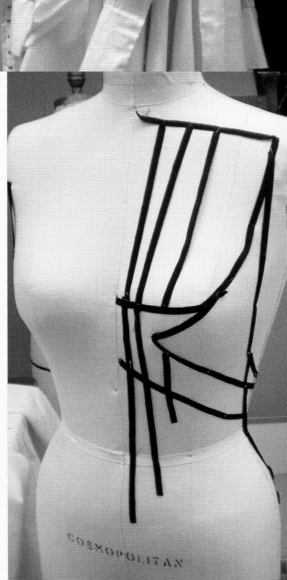

成衣

作为毕业设计的最后阶段，成衣可以更加真实、客观地体现设计理念；同时，因为最终的服装已经制作完成，所以就要开始对整体造型和展示环节进行最后的确认。下面我们将要向大家介绍有关成衣制作的原理及方法，虽然是以大学课程中的毕业设计为基础的，但它们同样适用于各种服装系列的创作。不论你是学生还是专业设计师，这些方法都是有益的。

- **对你的设计做出最终评价**
- **展示成衣**

在设计的最后阶段，你要通过成衣制作来完成整个作品集的创作。在这一阶段，诸如服装制作工艺、装饰细节、面料处理工序、尺寸大小、服装的合体性、用料量等问题，都已经得到了解决。需要进行进一步商讨改进的内容都集中在了整体造型和展示环节上。虽然和你同专业的同学可以从各种新的角度对你的设计提出修改建议，但是那些来自非时装设计专业学生的参考建议也同样重要，他们的意见反馈能帮你找到更多、更好的解决方案。

裁剪前的细节处理

在第一款服装裁剪前，要对设计的系列作品做出最终评估。先拍下所选布料的照片，并将它们按照实际裁剪的顺序摆放。用马克笔或相关的电脑软件为每一套服装着色。然后观察：整体的色彩图谱是否符合要求？是否需要更多的细节处理？作品呈现的整体效果是否令人满意？是否还要对面料摆放的位置或其他细节进行更改以符合整体服装风格？完成以上这些细节工作将有助于成衣的制作。

提供多样的零售选择

如果你的作品使用了需要特殊色彩印染或特殊针织的面料，那你还要考虑选择其他一些面料样本作为替换（也称作Fabric Headers）。这种方法通常会在零售商进行产品订购，要求提供不同的色彩比对以满足市场需求时用到，因为这样做可以为消费者提供更加多样化的购买选择。

技术外包

有些艺术设计学校允许学生在创作毕业设计时将技术外包。当外包的技术不在学校课程考核范围内或对其有较高工艺需求时，学校允许学生将其外包给专业人员完成，比如串珠、刺绣、皮革／皮毛制作、针织缝纫、打褶、染色或图案印染等。

▲ 量身制作

由于白坯布与最后采用的面料是有差别的，因此在作品展示前要由真人模特对其进行试穿。这也是服装在生产前让设计师进行一些设计细节更改和图案变换的最后机会。

▶ 展示作品的方法

根据不同的课程要求，学生可以选择以静态的方式在展览馆展出服装系列，也可以在有评委的情况下以真人T台秀的方式展出服装系列。如果选择静态的呈现方式，那么展出的服装质量水平一定要高！

当获得学校技术外包许可后，你需要将白坯布的样衣、最终确认的图案以及需要用到的布匹规格一同交给专业的代理制作机构。

要给外包工作留出足够的时间，这样才能创作出最完美的作品。作为专业的设计人员，在进行技术外包时，首先要提供详细的制作规范，包括整套服装要用到的图案、各细节部分的制作尺寸以及整个服装系列作品的样衣，这样工厂才能全面了解所有服装结构的制作细节及相关的后期整理工作。另外，值得注意的是，虽然你最初是以秀场的模特为标准设计的服装样式和廓型，但为了产品的最终销售，你还需要设计一些更适合普通人尺码及比例的服装。

掌握质量标准

在作品展示当天之前，学生要提交自己的服装系列。评审委员会将根据一定的质量标准决定学生提交的服装系列是否达到了参加作品展示的要求。如何将作品集提交至评审委员会也是要遵守一定的要求的。下面将为学生列出一些基本的质量标准。

● 五至六款挂在衣架上的服装款式，要熨烫平整并用防尘袋装好。如果是针织类服装，则要装在特殊的袋子里以防织物弹性受损。

● 完成所有缝合线迹、镶边和后整理细节工作。

● 服装上不能留有安全别针、线头、双面胶带或其他一些未完成的后整理细节，褶边要平整。

● 服装上不能有粉笔标注、内褶线迹、假缝线迹。

● 纽扣、纽孔、拉链、按扣、金属扣眼及其他所有的装饰性物件都要缝合到位。

● 间面线、刺绣、印花等所有特殊制作工艺都要精工细作。

● 从服装的外面不能看出热融衬（一种粘合非织造衬里），也不能有胶痕或皱褶。

● 衬里要缝合到位，服装的镶边缝合不能裸露在外。

备忘录： 作品设计的最后阶段

● 是否对服装系列进行了整体造型设计和展示彩排？

● 是否向同专业或其他专业的学生展示过服装系列？

● 是否拍了成衣款式的照片并将它们按照将要展示顺序排列？

● 服装系列的色彩搭配是否得当？

● 面料的位置和细节处理是否得当？

● 是否包括了印花及针织面料的样品？

● 外包设计工作是否得到了学校许可？

● 是否给外包设计留有足够的时间？

● 是否全面考虑了针法、缝合和所有细节设计问题，并以专业的态度完美地呈现了服装系列？

配饰设计作品

配饰是整个服装系列的点睛之笔。它不但能提升服装的专业品质，同时也能展现出设计师的设计实力。

- **学习配饰设计的特色所在**
- **发掘配饰设计在整个服装系列中的作用**

在最后的作品展示过程中，整体造型设计可以体现设计师对目标市场的准确定位并传达出其设计概念。而配饰在其中也起着关键的作用，它可以完整地体现出消费者的生活方式。从符合人体工学和具有实用价值的双肩背包到装饰性的、晚装专用的无带女士挎包，再到设计新潮并兼具实用功能的遮阳帽，配饰在传达服装整体的审美趣向上发挥着重要的作用。

定位配饰

设计配饰时，一定要明确其在服装系列中的作用。这些配饰对服装起辅助作用还是和服装本身一样重要？或者它们只是单纯的装饰？除非你创作的是系列配饰（这样对配饰的设计要求就要另当别论了），否则就一定要谨慎处理配饰与服装风格的关系。配饰在服装中的作用如下。

补充作用

配饰能够对整个服装系列起到完善、补充的作用。通常，配饰设计很注重细节，但它同时也要与服装整体的制作工艺、主题图案等相匹配。虽然服装结构的设计仍是设计师关注的重点，但配饰设计也越来越受到人们的重视，包括包、鞋子、帽子、皮带等设计，都对服装整体风格的体现有着重要作用。配饰设计要配合服装的整体塑造等需要，这样才不会掩盖了服装本身的魅力。另外，为了更好地彰显服装的主题风格，很多配饰采用了和服装相同的色彩和面料质地。设计师吉尔·桑达和拉夫·劳伦就是配饰设计的典范。

◀ **对比中的强调**
图中材质的强烈对比极具视觉冲击力，比起多种色彩的变化，这种大面积黑色的运用加强了观者对面料质地的关注。

▲▶ 重点配饰与次要配饰

设计配饰时，很重要的一点就是要明确不同的配饰是如何通过搭配改变服装整体的风格的。上面这一服装系列将提包和鞋子作为重点配饰进行运用，同时也搭配了眼镜、项链、胸针等各种小件配饰。

与服装同等重要的地位

　　随着配饰设计日趋复杂和个性化，这一设计领域获得了与服装设计同样的关注。设计师不再单纯地在服装的设计细节上进行创作，而是开始在配饰创作上下功夫。他们不但将服装上的一些细节、图案或制作工艺运用到配饰设计中，而且也通过创新工艺、色彩、面料等对配饰进行创作。虽然目标客户群最看重的仍然是服装本身的设计，但我们不得不承认配饰所传递出的流行趋势也受到了人们的追捧，而且配饰作为一种单独的潮流标志，也开始有了独立于服装的消费市场。像Prada、Louis Vuitton等一些设计品牌公司都创建了各具魅力的配饰设计工作室。

镶嵌的珠宝使项链更具特色

套在鞋子外面的揉皱式透明长袜使整个风格有了全新的感觉

备忘录： 加入配饰设计

◆ 配饰设计是否对服装风格起到了强调作用？

◆ 是否了解配饰是如何体现目标客户群的生活方式的？

◆ 如何将配饰更好地应用到最终的服装作品中？配饰起的是辅助作用还是强调作用？（如果是后者，请参见P126~P127的"配饰"一章。）

◆ 是否学习了或正准备学习配饰课程？

点缀作用

如果设计师期望观者把关注的重点放在服装作品上，那么配饰设计就会被他们放在次要一点的位置上。像一些先锋派设计师，比如川久保玲和山本耀司就是这样做的。他们通过雕塑感十足的创新设计给观者带来了强烈的视觉冲击。在这些设计师看来，过多的配饰反而会降低服装本身的风格魅力，所以他们会采用一些像鞋子、背包、皮带等简单的配饰，这样也不至于顾此失彼。采用简洁的男士粗革皮鞋或芭蕾舞平底鞋等简单的配饰设计，可以强化设计师所希望展示的服装风格特点。

引起观者注意

对很多学生来说，能将毕业设计与配饰设计系列同时展出是一次难得的经历。毕业设计可能会涵盖一个大的设计系列，以此来展示统一色彩及面料的服装；而且系列中的各套款式或各个分支系列的设计作品都会以一个主题概念为指导，并按照职业装、休闲或周末假日装以及晚装的系列形式展出。在最终的设计系列中包含必要的配饰可以帮助你更好地展示目标客户群的特征和生活方式。

配饰课程范例

为了创作以配饰为基础的作品系列或是服装样式，设计专业的学生要学习一些有关配饰设计的课程。这些课程不仅可以教授学生如何设计配饰，介绍相关的销售策略，同时也为学生解答有关配饰设计产业的相关问题，这些都与学生未来所要从事的设计工作有很大的关联。

▼ 搭配风格多样的配饰设计
图中两位模特头顶的配饰凸显了其时尚、年轻的人物特征。消费者经常会使用不同的配饰来强化个人的着装打扮，或是变换一下外界对其所形成的刻板印象，亦或只是为了让衣橱增添一些新鲜的物件儿。

▲ 独特的配饰设计
对设计理念完全不同的解读，最终呈现出的就是图中这两款风格完全不同的配饰设计。

系统的配饰设计课程

下表列出了一些顶级艺术设计学院开设的与配饰设计相关的课程。学生通过学习这些课程，可以更深刻、清晰地了解当今配饰市场的发展现状与趋势。

▶ 成功来自娴熟的技术

根据所选配饰课程的不同，最终你可能会从事单纯的配饰设计工作，或者是配饰产品的营销工作。不论你最终从事的是哪一类工作，掌握配饰设计的技术性工艺都会对你未来的设计工作有很大的帮助。

- 配饰设计
- 材料工艺学
- 皮革
- 配饰分类
- 鞋类设计及工艺
- 手包设计及工艺
- 专业运动鞋设计的人体工学
- 电脑辅助配饰设计
- 配饰工艺制图
- 小型皮具设计
- 书桌配饰设计
- 配饰工艺细则和规范
- 舞台和创新性鞋类设计
- 运动配饰设计
- 配饰系列研发
- 立体模型制作
- 织物设计
- 配饰发展史
- 男装配饰设计
- 童装配饰设计

▶ 配饰设计的艺术效果

配饰不只有鞋子和背包这样简单的分类。有些设计师会为服装作品的秀场表演进行专门的配饰设计——创作出专属于某件服装的独一无二的配饰艺术品。

整体造型

- **设计优秀的服装造型**
- **了解整体造型是如何提升服装作品的**

成功的整体造型设计可以提高整个服装的表现力，但要谨记：千万不要让整体造型设计掩盖了服装本身的风采。

▲ 运用道具辅助整体造型
图中运用的道具体现了整个服装的主题。简单的背景布局，把观者的注意力吸引到了服装的廓型及醒目的色彩上。

当紧锣密鼓的创作工作完成后，设计者就要开始考虑作品是否能从情感和视觉效果上引起观者的共鸣了。作为实现这一目标的重要媒介，整体造型设计发挥着至关重要的作用。回想一下你观看时装表演秀时的情形：那些配饰、发型、妆容以及其他一些小配件是如何将你带入设计师的创作世界里的？那些运用在普通水手外套上的造型是如何将你置于服装的奇幻世界中的？整体造型设计究竟是如何做到使你在多年之后仍对某件服装记忆犹新的？

不同的造型方法

很多因素都会影响设计师的造型方法。有些设计师会通过进一步发掘服装创作的灵感，找到与服装款式相符合的配饰或头饰，从而加强服装整体的表现力；而有一些设计师则直接将目光聚焦在风格上，通过灯光、凌乱的发型、妆容或是其他一些能反映消费者心理需求的元素，来彰显服装本身的魅力；另外，还可以运用对比的造型设计方法来加强服装的表现力，并传达出设计师的设计意图。比如，如果设计师期望观者将目光聚焦在服装的悬垂性设计工艺上，那么就要通过一小部分特定的结构来凸显这方面的特点。

设计师首先必须要明确一点，就是期望自己的服装作品得到观者怎样的解读。这样才不会在创作时设计出有悖于预期审美趣向的作品，从而使服装得到较高的市场认可度。另外，在创作的过程中，将设计灵感的每一个细节都列举出来，这样有助于设计师构思出更多的造型风格。

备忘录： 整体造型设计技巧

- 整体造型是否从视觉和情感两方面强调了设计意图？
- 是否运用了优秀的艺术指导来提高服装的表现力？
- 整体造型是否能将观者的目光聚焦在服装上？
- 整体造型设计是指引还是误导了观者？
- 单独的造型设计能否传达出设计师的设计意图？
- 整体造型设计是否掩盖了服装本身的风格特点？
- 整体造型设计能否使你在激烈的竞争中脱颖而出？
- 是否尽可能多地运用了不同的方法来进行整体造型设计？

优秀造型风格的四大特征

对设计系列进行整体造型设计时请牢记以下几点：

1 强调风格和主题

如同美食家使用独特的食材使菜品更具新意一样，整体造型设计也要起到强调服装风格的作用。你期望通过服装传达出怎样的设计理念？试想在有限的布景和灯光条件下，你要如何合理地运用发型、妆容以及配饰才能完整地表达出整个服装系列的设计风格和魅力所在呢？

2 以整体造型为辅

如同低音贝斯在表现主旋律时所起的作用一样，整体造型设计可以对服装风格起到辅助作用。整体造型设计要有新意，但不能掩盖服装本身的魅力，要始终将观者的注意力聚焦在服装上。比如，你一定不希望观者把注意力放在发型、妆容等造型设计上，而忽略了对服装的欣赏。但反过来，我们也不能否认独特的造型设计以及其与服装完美的搭配确实能够使你从众多的设计师中脱颖而出。

3 深入解读造型设计意义

剧场是设计师学习整体造型设计的最佳场所之一，尤其是当舞台的布景和戏服的设计还没有定型前，这样，设计师就有了足够的空间去进行想象。回想一下，剧场里的灯光、色彩、面料的质地、表演的形式都是如何反映表演过程中人物情感上的变化的？又是如何凸显人物性格的？整体造型设计的目的就是要提升服装整体风格的表现力，并且向观者更清晰、更强烈地传达出设计师的创作意图。

4 运用恰当的造型方法

先让我们来欣赏一下迈克·科尔斯（Michael Kors）和川久保玲两位设计师不同的造型风格吧。他们通过不同的发型、妆容、配饰以及模特的走路姿势使观者体验到了风格完全不同的服装设计。模特那种有趣而又充满风情的走秀将科尔斯式的休闲风格发挥得淋漓尽致；而模特缓慢、压抑的步态则完美地表现了川久保玲严肃、沉静的设计风格，并且使观者沉浸在对设计细节和工艺的欣赏中。

宣传册

宣传册不但是面试中必不可少的一部分，而且是重要的营销工具，所以一定要在作品集中有所体现。

- 制作令人印象深刻的宣传册
- 选择合适的摄影师和模特

▲▼ 都市乡村风

这个系列的服装所采用的自然质朴的面料在城市背景的反衬下，将作品风格体现得淋漓尽致。这种外部环境与设计内容的巨大反差凸显了设计所要表达的艺术风格。

备忘录：

宣传册创作

- 是否收集了作为灵感来源的图片，用以确定艺术创作的方向？
- 纸张的选择、布局的安排和印刷技术的运用是否得当？
- 拍摄的地点、灯光布景和模特的姿势是否符合作品风格？
- 宣传册能否对设计起到强化作用？
- 摄影师的艺术视角是否与你的观点一致？
- 摄影师是否与你运用了相同的专业处理方法？
- 对摄影师是否有清晰、合理的认识？
- 是否需要依靠模特来表达设计信息？
- 模特是否能完美地展示出作品的风格？

每一季新品发布，设计师都会出版彩页资料或宣传册，用以展示服装作品。这些资料或宣传册被分发到各大媒体、零售商和出版商的手里，以供他们拍摄宣传、制定产品销售策略、撰写时尚评论时使用。这些宣传册有很多是在秀场上拍的照片，以提供清晰的款式样图。配饰则是单独拍摄的，并附在宣传册的最后。设计师也会运用各种不同的布景、艺术拍摄手法等来创作具有独特风格的宣传册，这些都可以作为激起消费者购买欲望的产品广告。

设计宣传册

服装设计完成后，就要开始进行记录、整理工作了。

在服装作品展示的前几个月，收集包括图片、彩页资料和照片等一切能给予你灵感的材料。宣传册纸张的类型、页面布局、印刷技术、

作品风格、场景选取、灯光技术、模特姿势，甚至是电影中静止画面的截取或者展示的艺术品，都能为宣传册创作带来灵感并提供艺术方向。另外，宣传册还要能凸显服装系列的风格并增加消费者对其的关注度。

选定摄影师

如果你恰好有同学是摄影专业的，那你们就可以开始完美的合作之旅了：你得到了宣传册，而他则完成了自己的毕业作品拍摄任务。但是，在选定摄影师之前，你首先要参考他以前的摄影作品以确保他的拍摄风格与审美趣向与你一致。另外，还要保证摄影师和你一样拥有足够的专业素养，并致力于完成整个项目。

模特与服装系列的风格相符合

你需要挑选一名适合你设计风格的模特。绝对不要小看模特在传达服装作品风格时所起到的作用。Jil Sander简洁的线条表现，Ralph Lauren恐怖、放肆的重金属风格（W.A.S.P.）和Gucci的华丽、性感，这些都是运用艺术手法体现出来的。要清晰地认识你的消费群，并了解她们期望在服装中所寻求到底是什么，是希望服装可以增添自己的女性魅力，还是希望着装可以凸显自己职场女性的身份？不过对于一些设计师来说，比如川久保玲，在T台秀场上启用普通人当模特这一举动，就是对诸如Valentino和Armani这样的顶级时装奢侈品牌所营造的时装氛围发出的一种挑战。

备忘录： 选定摄影师

· 哪些摄影师和艺术家对其摄影风格产生过影响？

· 是否和摄影师就艺术风格、设计理念、作品创作和设计方法进行过深入长谈？

· 你和摄影师之间是否有默契？他是否了解你的审美趣向？他对整个作品有何看法？

· 摄影师的创作自由度有多大？你需要的是能给你提供建议的合作者，还是一个单纯的技术服从者？

· 这些照片或资料是如何彰显你服装的设计风格及审美趣向的？它们是否能帮助摄影师完成创作？

· 是否有其他的资源或方式能代替摄影师的工作？

◀ 独具风格的引言介绍

宣传册的封面、字体和美术设计都给观者带来了一种审美体验。文字的表达、如同孩子手写般的字体和模糊的人物图像都彰显出了这种环保的童装设计风格。

宣传册
十大要素

宣传册要具备较高的审美影响力，在创作之前要遵循以下几点。

◀ 对服装的展示

虽然可以根据个人风格创作宣传册，但是仍然要把对服装的描述放在首位。可以利用人物的各种姿势，从不同角度展示服装，并对服装细节部分进行特写拍摄。

▼ 儿童乐园

宣传册不仅能呈现你的服装系列，同时也向消费者展示了服装品牌的市场定位与风格。幽默、童趣的照片与拍摄风格，选用儿童作为展示模特，所有这些元素都对宣传册有着深刻的影响。

1 确定版面大小

当你看到一副纸牌大小的图片和一张报纸大小的图片时会有怎样不同的视觉体验？是否会让你产生更贴近设计的感觉还是引发了一种特定的情绪？版面的大小会让观者产生不一样的视觉体验，所以在创作宣传册时要选择适当的版面大小。太大或太小的版面是否会给人过于夸张的视觉体验，显得不真实？中等大小的版面会不会降低作品的表现力？这些问题都是你要考虑到的。

2 选定合适的风格

从Ralph Lauren和Miu Miu的真实、淳朴，体现个人特点的设计风格，到Comme Des Garçons和John Galliacno极富戏剧化、夸张的设计风格，你如何定位自己的风格？你的设计在吸引客户方面的优势在哪？在设计过程中，你不但要找准目标客户群的兴趣点进行设计，同时更要让他们看到你作为一名年轻设计师的潜力所在。

3 创作独具风格的宣传册

宣传册的设计是否有创新性？虽然大多数设计师会使用那种类似书本的简单样式，但也有

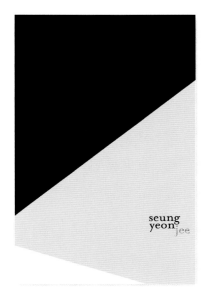

▶ 增强信息的表达能力

干净、利落、醒目的封面将观者的目光一下子吸引到服装的图形化设计风格上。白色的背景彰显出服装图形式的廓型。

设计师会把宣传册设计成一张张卡片，凌乱地摆放在精心设计的盒子里。比如，设计具有热带风情的服装系列时，设计师将拍好的照片印成明信片，放在一个编织筐里，旁边再配上一个装满沙子的小幸运瓶。宣传册可以单独呈现，也可以将其放在用制作服装的面料编织好的布袋里进行展示。

4 选定最佳的拍摄环境

广告拍摄环境是如何体现服装的设计风格并吸引消费者目光的？是特意选择的场景还是随意选择的地点？为什么Alexander McQueen的服装广告通常选用那些梦幻感强烈的地点，而DKNY品牌则选用纽约市这种具有标志性的大都市？无论选择哪种拍摄环境，都要牢记：白色背景具有最佳的表现力。

5 谨慎运用各种小道具

场景和道具能够帮助设计师更好地传达出设计理念和服装的审美风格。无论是受夏季花园的灵感启发，在童装设计中加入捕蝶网的元素，或是通过一把具有巴洛克风格的椅子体现消费者的品位，这些小道具的运用都使设计具有了无尽的可能性。但运用道具的时候应该谨慎，不要让它们掩盖掉服装本身的魅力。

6 设计好页面布局

页面的留白与图片的放置同样重要。对于图片散乱地放在整个页面上和图片整齐地排放在页面上并留出足够的空白区域这两种布局，你会有何不同的视觉体验？是否能够感受到不一样的服装风格？如何处理图片和文本在页面中的布局，可以让观者了解到你作为一名设计师的审美趣向和设计风格。

7 选用最佳的制作材料

纸张以及其他一些相关材质的选取会影响观者对整个设计作品的看法。对于一些设计来说，采用高亮度的纯白色纸张会更具表现力，但是如果将其运用到其他一些设计上，可能就会显得不太协调。另外，还要确定你是想突出宣传册的清晰度还是设计风格？比如，有的印刷纸张会影响面料的色彩呈现，如果选用这样的纸张，虽然能彰显出整个作品的风格，但同时也会降低服装色彩的表现力。

8 吸引目标消费群

哪些内容最能吸引观者的注意力？原因何在？极具风格的人物特写搭配适当的场景和道具可以使观者获得一种置身其中的穿着体验；而画廊式风格的白色房间则会使观者把注意力集中到面料、色彩和服装细节上；而那些带有梦幻色彩的拍摄场景则需要观者进一步深入挖掘其中所蕴含着的设计信息。就像寻找设计灵感一样，设计师必须对目标消费群的兴趣点有着敏感的认知，这样才能设计出使其满意的作品。

9 加强设计风格的表现力

如同电影中的配乐能够引起观者的情感共鸣一样，时装作品通过灯光、摄影技术、模特的姿势，甚至是不同的拍摄角度，都能传达出不一样的风格特点。观者对于你的作品能产生何种情感共鸣在很大程度上取决于作品所呈现出来的效果。

10 时刻保持创新精神

时装需要不断创新，你要运用自己的美学标准为市场带来全新的设计。即便是传统的创作模式，你也要通过更新潮的款式来确保消费者对品牌的关注度。相反，如果服装的整体艺术性已经独具特色了，那么你最好采用简单、利落的廓型去表现，这样才能完全彰显出服装本身的魅力。

宣传册
布局与设计

精心创作的宣传册能够展示出最佳的设计作品。设计师将自己的服装融入到整个拍摄中，从而表现出最完美的视觉效果。在拍摄的过程中，要选择最能体现服装风格的拍摄场景，这样才能向广大消费者展现整个服装系列的魅力。

◀ 朴素的构成

人物与服装细节的这种分割式呈现对整个服装主题有一种凸显作用，而且也满足了当代消费者的审美需求。创作宣传册时，要考虑场景布局、灯光、人物和服装的位置，以及模特的姿势等因素，如何通过单纯的视觉呈现表达出整个服装系列的风格特征？

▼▶ 良好的互动

宣传册没有固定的样式，只要便于观者观看就好。图中这种手风琴折叠式的呈现方式很自然地让观者了解到整个服装系列所具有的戏剧性效果。另外，在每一页的背面还可以添加一些体现设计风格、制作工艺的图片，或者也可以附上简历。

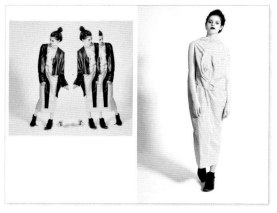

▶ 令人印象深刻的场景布局

除了选取与服装主题相符合的拍摄地点外，在整个场景的布局上，也要通过周围环境的变化来凸显作品的风格。周围环境与整个场景的选择同样重要。正是由于环境中一些元素的不断变化，才使观者在一系列不同的拍摄布局中始终保持对服装作品的关注度。

作品展示与评价

- 毕业设计系列应包含的所有内容
- 完成一次令人印象深刻的作品展示

毕业设计系列的展示是对你整个本科阶段学习成果的一个总结，也是你进入设计领域的处女秀。

毕业在即，你需要完成毕业设计系列的展示。毕业设计系列展示时会有很多评委到场，这些评委中会包括专业设计师、服装零售商、时尚记者、校友以及相关的企业招聘人员。这场展示可以算是你进入服装设计行业的第一次面试，因为那些到场的评委都期望在展示会上发掘新秀，为公司储备后备力量。虽然不同的学校对毕业设计展示环节的具体要求各异，但准备一个10分钟左右的作品展示是每个学校都必不可少的一项。

▼ 回归基础

在思考如何向观众阐释作品之前，要把自己之前的创作笔记和相关的调研资料整理出来进行温习。通过对整个设计思路的回忆，你可以提炼出主题明确、条理清晰的大纲，这对你最后的展示是非常有帮助。

< MOOD >
CREATE NEUTRAL COLORED CLEAN CUT AND ELEGANT GARMENTS ACCENTUATING KNOTS, TWISTS AND DRAPERY ON GARMENTS REFLECTING THE SHAPES OF NATURE AND COMPLEXITIES OF HUMAN EMOTIONS. THE GARMENTS ARE LIGHT, AIRY AND THEY FLOW OVER WOMEN'S BODY WITH EASE YET WITH METICULOUS DETAILS.

< MUSE >
SHE IS FREE, UNTAMED, STRONG AND YET EXTREMELY FEMININE. SHE IS AN INTERIOR DESIGNER, HER CLIENTS INCLUDE FAMOUS CELEBRITIES SUCH AS SARAH JESSICA PARKER AND ROBBIE WILLIAMS. HER DESIGN PHILOSOPHY IS TO CREATE EUROPEAN STYLE FURNISHINGS WITH COMFORTABLE AND WARM SURROUNDINGS REPRESENTING AMERICAN LIFE STYLE. DUE TO HER CAREER, SHE OFTEN TRAVELS AROUND THE WORLD; HER BUSINESSES ARE BASED IN EUROPE AND AMERICA, SO SHE SPENDS A LOT OF TIME ABROAD FOR HER CAREER IS AN IMPORTANT PART OF HER LIFE BUT SHE IS NOT A PRISONER OF IT. SHE IS FINANCIALLY SECURE, SO SHE IS ENTITLED TO EVERYTHING THAT MONEY CAN BUY. HER MOTTO IS TO LIVE FOR TODAY, NOT FOR TOMORROW. SHE ENJOYS CLOTES THAT ARE EDGE, ELEGANT YET SOPHISTICATED SHE ADORES SILKY, AIRY DRESSES WHICH NATURALY FLOW AROUND HER BODY LIKE OCEAN WAVES ACCENTUATING HER SHAPELY FIGURE. SHE IS INVITED TO MANY PARTIES FROM THE RICH AND FAMOUS AND THAT IS WHEN SHE LOOKS AT HER BEST WITH HER ELEGANT TASTES IN FASHION. ALSO SHE TAKES FASHION SERIOUSLY BECAUSE SHE BELIEVES THAT MODERN WOMAN HAS RESPONSIBILITY TO LOOK AT HER BEST AT ALL TIMES.

< NATURE'S SATISFICATIONS AND HUMAN'S EMOTIONS >
INSPIRATION COMES FROM FORMATIONS AND SHAPES OF NATURAL PHENOMENON SUCH AS WAVES OF OCEAN, AND STRATIFIED ROCKS. THESE NATURAL SHAPES AND LINES CAN ALSO BE SHOWN TO INDICATE VERY CHARACTERISTICS OF HUMAN EMOTIONS, AS THE TIDES COME AND GO OUT OF THE OCEAN FLOOR, THE SAND IS LEFT WITH THE WAVY SCARS. HUMAN COULD ALSO BE LEFT WITH EMOTIONAL SCARS, WHEN ONE IS FACED WITH VARIOUS LIFE EXPERIENCES.
HOWEVER, AS THE WAVE WASHES AWAY THE SAND, THE SCARS ARE FLATTENED, THEY DISAPPEAR.
OUR EMOTIONS ARE SIMILAR WITH THIS MOVEMENT BECAUSE OF SENSATIONS WE FEEL ARE OFTEN TEMPORARY.
JUST LIKE THE WAVES, OUR EMOTIONS COME AND GO IN OUR MEMORY LANE AND LEAVE DIFFERENT MARK EACH TIME AND THEY ARE ERASED MOST SIMULTANEOUSLY. STRATIFIED UNRESOLVED FEELINGS THAT WE PRESS DEEP IN OUR HEARTS, WHICH CAN LEAD TO VIOLENT CORRUPTION IN OURSELVES.
THE VISIONS OF NATURE AND HUMAN EMOTIONS SHOW INTERESTING SIMILARITIES.

备忘录：重点关注

- 面料是否符合客户的需求并与服装
  廓型相符？

- 能否满足客户"一站式"购物的需
  求？是否为作品制定了销售策略？

- 廓型与面料的选择是否与季节相符？

- 对质地、色彩和图案的选取是否成功？

- 织物的重量是否符合设计需要？

- 是否对整个系列进行了改进？设计上是
  否有赘余（包括廓型、面料等方面）？
  是否还有可发挥的创作空间？如果有，
  需要怎么做？为什么要这么做？

- 面料与廓型能否体现设计意图？这
  样的搭配能否满足设计需要？

- 是否对目标客户有明确的定位？

- 怎样才能使设计的表现力更强（从色
  彩、廓型、面料、风格和展示顺序上
  入手）？

- 服装的价格定位与市场需求是否相
  符？是否与整个作品系列相匹配？

选定内容

要记住，参加你作品展示会的评委都是时装领域的专家。对于看了无数秀场服饰的他们来说，你设计的衣袋款式或是扣子的大小之类的细节并不能引起他们的兴趣，他们更期望听你讲讲灵感来源、面料的制作工艺或是对廓型所做的各种变化。通过这些他们才能真正地了解你，并将自己的个人情感投入到对你作品的评价中去。

通过下面几条准则，你可以了解展示作品时的相关流程，并加入具有个人风格的设计元素，从而在众多的毕业生中脱颖而出。

1 介绍整个作品系列

包括灵感来源、色彩和面料的选取过程，以及是如何从灵感中提取出主题概念并以此来指导整个作品设计的。

2 描述目标消费群

你的目标消费者是谁？何种原因使他们成为你的目标消费群？（提供一份调查列表，包括他们的生活习惯、年龄、消费心理、所偏爱的购物场所等个人信息。）他们具有何种消费观？这些能否反映出未来的设计趋势？你要在流行趋势和社会发展的大背景下，对这些因素进行详细的调查研究。

3 提供完整的作品信息

明确竞争对手，可以通过相似的消费群、产品价

格定位以及零售商等信息来确定。要对自己的服装做好价格规划，比如定好夹克、裙装、裤装、基础上衣和针织外套的批发和零售价格。这几类服装的价格是整个系列作品的一个价格基准。另外，你的价格定位也要能反映出竞争对手的价格定位。此外，还要明确自己期望今后在哪种店面（及楼层）出售服装？

4 展示作品的销售策略

要重点介绍服装的细节以及制作工艺（包括服装结构、印花、染色、针织等），以突出产品特色。强调服装的卖点，比如产品销售策略、服装功能的多样性、消费者的关注点等。这一阶段要吸引观者的注意力并展示作品的独特性。

5 最后一点

为了这10分钟的设计系列展示，你已经进行了多年的系统学习，所以你不仅要展示出自己的学术知识与专业技能，还要把这次展示当成是你正式进入服装行业的处女秀，创作出符合市场需求的作品。

作品展示当天

展示当天，你可能会被安排在学校的礼堂、教室或者其他地点进行毕业设计系列展示。评委会将根据一系列的评判标准，从各个方面对每位学生的作品进行打分。得分最高者将被评为"年度最佳设计师"，获奖者同时有机会将作品提交给行业中更权威的专业人士进行评审。

▼ 关注每一个细节

通过合理运用配饰更好地展示设计主题。服装、配饰，甚至是模特的发型设计都要相互统一，彰显出作品所要传达的服装风格和效果。

准备一个10分钟的作品展示

要不断改进并完善作品才能使其满足即将到来的展示的需要。以下几点策略可以最大程度地提高毕业设计的水准。

1 7分钟的商业化展示

10分钟的作品展示中，自我陈述部分要掌握在7分钟左右，剩下3分钟留给评委提问题以及给出相关的建设性意见。你可能需要向评委阐释自己的设计思路、制作过程，另外还要准备一些问题向评委讨教，比如"哪方面的设计还要进一步加强？"或"我应该把设计重点放在哪方面？"

2 自我辩护

评委会问很多关于设计的问题，比如面料选取、细节设计、样式的统一性或是整个服装的风格主题等。你必须做好充分的准备，以便更好地回答评委的问题。

3 熟能生巧

把作品展示给其他同学（包括与你同专业的毕业生以及其他专业的学生），听取他们的意见，并让他们针对作品提出问题。反复练习几次可以让你熟记需要展示的内容，以便在正式的作品展示过程中发挥出最好的水平。

Final Collection Review Presentations
Tuesday, 10:00–12:00

Presenter	Poor 　　　　Excellent	Designer of the year Candidate?
	1 2 3 4 5 6 7 8 9 10	Y / N
	1 2 3 4 5 6 7 8 9 10	Y / N
1. John Sedgwick	1 2 3 4 5 6 7 8 9 10	
2. Alex Jones	1 2 3 4 5 6 7 8 9 10	
3. Jill Steward	1 2 3 4 5 6 7 8 9 10	
4. Jason Lovinsky	1 2 3 4 5 6 7 8 9 10	
5. Noel Callen	1 2 3 4 5 6 7 8 9	
6. Marilyn Gough	1 2 3 4 5 6 7 8 9	
7. Richard Rosen	1 2 3 4 5 6 7 8	
8. Steven Porter	1 2 3 4 5 6 7 8	
9. Grace Goodman	1 2 3 4 5 6 7	
10. Andrew Talbot	1 2 3 4 5 6 7	
11. Nolan Beckford	1 2 3 4 5 6	
12. Louise Gillman	1 2 3 4 5 6	
13. William Santisi	1 2 3 4 5	
14. Jackie Newman	1 2 3 4 5	
15. Barbara Spinelli	1 2 3 4	

Designer of the Year Ballot

Student's Name: _____

	Poor 　　　　Excellent
Final Collection	1 2 3 4 5 6 7 8 9 10
Croquis Book	1 2 3 4 5 6 7 8 9 10
Portfolio	1 2 3 4 5 6 7 8 9 10
Innovation	1 2 3 4 5 6 7 8 9 10
Identity	1 2 3 4 5 6 7 8 9 10
Conceptual Thinking	1 2 3 4 5 6 7 8 9 10
Consistency	1 2 3 4 5 6 7 8 9 10

Juror Notes:

◀ **评审标准**

每个学校的作品展示流程可能不尽相同，但评委的评审标准基本和左图展示的范例相似。这些评审标准主要包括客户满意度、服装创新性、设计革新性、产品可实行性以及学生在展示时的表现。为了在竞争激烈的作品展示会上获得认可，学生必须在每一个评判项上都有不俗的表现。

▼ **主题的循环展示**

对系列作品主题的展示不能仅停留在毕业展示的范畴内，要将其当成创作的中心元素并融入到毕业设计中去。这些设计创意将来有可能会被反复运用，因为这些主题性元素可以反映出你作为一名设计师的很多内在特征。

完善作品集

作为展示设计才能的主要途径，毕业设计作品集能将你的专业技能通过视觉表现的形式展现在大家面前。要不断完善整个作品集，从而反映出你对时装发展的观点。

要通过毕业设计作品集向观者展现你丰富的创造性。你的审美趣向、职业道德、对细节的关注度、解决问题的能力以及作为一名员工的价值，都可以在你的作品集中得到体现。就像我们穿的服装可以表明我们的身份一样，设计作品集向大家展示了你是怎样的一位设计师。为了让观者关注你的作品并向其传达作品信息，除了设计作品的内容和展现形式以外，你还需要考虑很多其他因素。

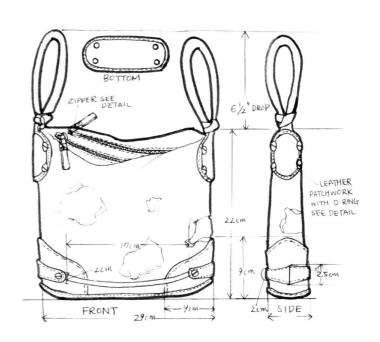

最佳作品集展示

- 创作有效的设计作品集
- 为设计作品集做现实考虑

遵守以下设计原则和标准，可以让你的作品集获得理想效果。

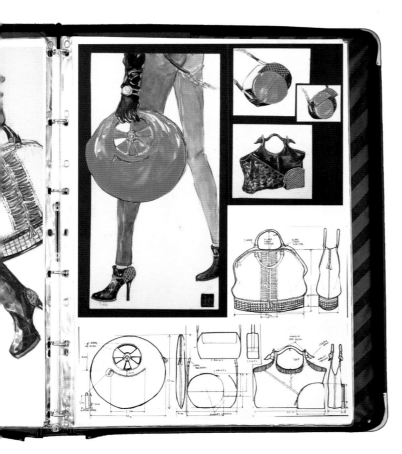

　　毕业作品集主要是在大四这一年制作完成的，因为此时你的专业技能较以前已经有所提高，同时观者最希望看到的也是你最新的作品。如果说你原来的设计作品真的非常出众，而且在各方面都与你当前要完成的作品集有密切的关联，那么你也可以把它们收入其中。

　　要控制好作品集内容的数量。内容太少，则体现不出设计的创新性；而内容太多的话，又会使观者找不到重点，而且也给你的编辑工作带来了很多困难。要避免那些与你的时装设计或者你将来要应聘的职位不相关的东西，比如无关紧要的艺术品、人体素描以及其他一些与时尚无关的素材。这些都会妨碍作品的表达，让你看起来很不专业，而且也会让你无法集中精力向目标迈进。

　　在内容方面，最致命的错误就是将预先设定好的框架运用到作品集的每一个系列中。变换人物造型和姿势、绘图大小、背景环境、纸张材料和创作手法等，不但可以使观者有一种耳目一新的感觉，而且可以展示出作品的多样性和创新性。精心选择的艺术方向可以强化不同系列的主题和整体的设计风格。所以一定要打破思维定势！

◀ **充分展示自己**
这些经过精心设计和布局的平面设计图，展现出了设计师准确运用配饰的能力。设计手稿能体现出你所具备的知识和技能，这在应聘时是非常必要的。

备忘录：优秀设计作品集的创作过程

- 是否展示了最新的作品？
- 过去的作品中是否有符合当下设计作品的内容？

- 是否创作了适当数量的作品？
- 作品中的素材是否相互关联？

- 作品的方向与主题和风格是否相一致？
- 作品集中的不同系列能否体现出设计的多变性？

- 作品集的结构尺寸是否合适？
- 作品集是否易于理解并且简单明了？
- 作品集的开头部分是否足够出彩，使观者期待看到更多的设计？

现实考虑

选取作品集时要考虑以下事项。

选择大小合适的图集

在开始设计作品集之前，要选择大小合适的图集。图集大小、纸张规格、版面格式、封面和纸张材料，这些都会影响观者对作品的感受。通常来说，作品集最大规格为14英寸×17英寸（36cm×43cm），最小为9英寸×12英寸（23cm×30cm）；最常用的尺寸是11英寸×14英寸（28cm×36cm）。

本着方便用户的原则设计作品集

确保作品集简单易懂，便于翻阅。要避免折叠式插页，并确保面料和辅料样本摆放合理。确保注释文字易于理解，作品方向明确。专业的作品集还要保证页面的整洁，即使是剪裁面料样品，也要考虑到其美观性。

确保作品集的最后部分完美无缺

要确保作品集的开头和结尾部分完美无缺，中间部分达到创作的顶峰。作品集中的第一个系列就如同敲门砖一样，只有这一部分设计好了，观者才有兴趣深入了解你后面的作品。第一个系列的作品还要体现出整个作品集的风格和审美趣向，这样也有助于观者欣赏后面的作品。就像看电影一样，人们总是对结尾部分印象深刻，所以作品集中最后一个系列的设计也非常重要。

▼ 体现思维过程

成功的设计作品集和手稿册要能够体现出设计师的创作过程。下面这页手稿通过给图片作注释的方式，将设计的各个阶段清晰地呈现在观者面前。

将同一想法变幻出不同款式，打破思维定势

▶ 受艺术启发的灵感

这款设计受到了插画师爱德华·戈里（Edward Gorey）作品的启发。通过发掘其他艺术形式所受到的启发，再以时装的形式解读出来，你就可以设计出风格独特的作品。

九种脱颖而出的方法

如果想在竞争激烈的时装业取得成功，你就要懂得如何使自己的作品集脱颖而出。

1 不断改进作品集

大部分设计师在完成一个系列作品后，马上会投入到下一季的系列作品创作中。着眼于未来可以使设计师们看清时装的发展趋势，同样也可以使他们在下一次设计中融入更多的"自我"元素。要不断对已完成的作品集进行改进、更新，确保自己在满足当今市场需求的同时，也能紧跟未来流行趋势。

2 利用非语言方式展现自我

虽然设计作品集的主要目的是展示你的时装设计才能，但它同时也能体现你对时装、时尚以及这个社会的态度和看法，包括你解决问题的能力和专业水准，甚至在一定程度上还能展现出你的性格特征。这些都可以通过以下几方面的设计才能体现出来：效果图、手绘款式图（或平面图）、平面和立体剪裁、电脑设计（例如数字插图）、纺织品设计、面料加工和针织样品制作等等。

3 准备备选作品

通常一个作品集包含六至八个系列。但是，你也可以额外准备一些设计作为备选，整个作品集的内容可以据此进行相应的调整。尤其是当你在为一些特定的设计公司创作时，这种方法更为有效。通过替换作品，重新调整作品的顺序、节奏以及整个作品集的风格，可以满足不同公司对于设计作品的要求。在修改作品时，要考虑哪些公司更注重创新性，而哪些公司则更在乎销售额和市场需求。

4 紧跟流行趋势

没有公司会希望看到那些早就流行过的样式，他们要的是新理念，要的是创新性，要的是有想法、有潜力的设计师。要谨记这点，即使你目前没有找工作，也要确保至少每半年就对自己的作品集进行更新、改进。

5 学会运用艺术指导

良好的艺术指导可以确保作品集是以观者的体验作为设计重点，而不是仅仅考虑时装本身。虽然作品集要有一个明确的整体风格，但也要避免整个设计系列的单调性。人物风格、纸张选择、效果图样式等细节都是需要考虑的因素，这样才能保证设计系列的多样性。

6 协调好统一性和多样性

虽然作品集会有很多设计系列和不同季节的服装，但要确保整个作品集有统一的主旨和审美趣向。作品集要展现不同的灵感来源、色彩和面料的选取过程、设计强度和市场种类，还要为消费者提供"一站式"购买的体验。尽量避免用同一种设计方法去表现自己的创意，或是表现出自己有能力设计任何一种风格的服装，只有明白了以上这些，你才可能获得设计公司的青睐。

7 为观者带来愉悦的体验

当观者浏览作品集时，如何才能使他们保持对作品的热情和关注度？要确保每一个作品系列都要为观者提供独特的体验，并以此强化整个作品集的主题和风格。有些设计可能采用传统的效果图形式，有些则可能更具新奇性。比如，有些作品集会采用拼贴的方式为人物搭配服装，也有一些作品集将服装样式印在透明的纸上来实现同样的效果，这些方式都使观者与作品有了更多的互动。

8 掌握设计的节奏

成功的 T 台秀通过营造舞台氛围来展示设计作品。同样的，作品集也要包含不同设计强度的作品并逐步将整个设计系列推向高潮。在第一个作品系列中就要让观者感受到整个作品集的审美趣向，在最后的系列中要将创新性发挥到极致。在中间部分，你可以展现自己身为设计师的各方面能力并实现不同的设计理念。设计系列可以包含日装、针织装、度假服、运动服、配饰，甚至是纺织品系列。

9 要勇于打破常规

创新就是要打破常规，这一说法尤其适用于时装设计。在时装发展史上，对面料创新、大胆地运用，对销售店铺的设计，以及人们对时装和传统服装制造业观念的转变等，这些都是打破常规的成果。在这里，没有一成不变的规则，你只要清楚消费者是谁以及他们的所需即可。你可以随意改变观点、设计并生产富有创新性的产品。

▲ **人物手稿**

上面的男装系列就是通过风格独特的效果图作品来表现人物特征的。为保证给观者提供多样化的视觉体验，就要避免在同一个系列中运用重复的设计布局。另外，还可以通过变换布局设计、选择不同纸张材料来提高关注度。

▶ **善用人物造型语言**

大部分作品都是通过人物体现的，设计师可以通过对人物造型进行改造、变化来传达设计的效果。设计师可以对特定区域进行抽象描绘，比如右图中对人物手臂和鞋子所做的调整。但是人物的整体比例不能被过分夸张，否则就会扭曲整个设计作品的呈现效果。

网站

- **制作有价值的个人网页**
- **学习如何利用各种媒体资源**

虽然传统的市场营销手段对促进个人职业的发展仍有着重要作用，但科技已经彻底改变了工作市场的整个运作模式，所以你必须要牢牢抓住网络中的工作机会。

从传统意义来看，创建一个品牌前要做好包括市场营销、广告宣传、建立商业关系网等诸多方面的准备工作，同时还要保证品牌能供应多样化的产品并具有独特的审美风格。如今，除了以上提到的这些基础性工作外，通过网站将视觉化的产品展示给消费者也成为品牌重要的销售手段。

不论你通过哪种途径或方式创建网站，都要确保网站内容、广告信息和页面设计能够吸引人们的目光。要及时更新网页内容，特别是照片和视频。另外要设置会员专区，会员可以从中浏览到当下或过去的一些设计作品。此外，还要建立留言板，让来访者可以相互沟通，并对网站提出宝贵建议。需要注意的是，要时刻关注用户的需求，让他们保持对网站的持续关注。

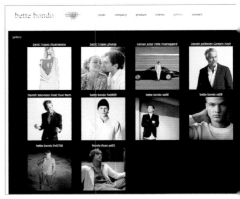

常见的标题既可以使用户感到亲切，同时又可以让浏览者快速准确地锁定关注的内容

具有象征意义的Logo能够提升网页的受关注度

◀▲ 审美风格电子化
对一些消费者来说，他们对品牌的第一印象来自网页中所展示的设计作品，所以要用简单明了的方式呈现作品，以便培养消费者忠诚度并提高销售额。

主页中精心筛选的图片可以让浏览者明确设计的审美趣向，也可以让他们感受到设计作品多样化的风格

在线广告

寻找最佳的广告销售手段，使品牌获得成功。

Google右侧广告

AdWords是Google的广告产品，你可以通过它在Google或其合作网站上向查找产品或服务的用户展示自己的广告。你可以在广告搜索引擎中添加任何关键词，比如"奥德丽时装"、"前卫时尚"等。通过与AdWords合作投放广告，你可以在新客户搜索你的产品和服务的那一刻就吸引他们的注意。只有当用户点击你的广告时，你才需要付费；你甚至可以掌控每次点击的费用、每日预算以及广告展示的位置。AdWords账户还会提供多种图表和用户数据，方便你跟踪广告效果并进行相应的调整。

Facebook广告

作为Facebook的会员，你可以选择广告投放的地点并添加任何你喜欢的关键词为品牌进行广告营销。通过与Facebook合作投放广告，你可以在新客户搜索你的产品和服务的那一刻便吸引他们的注意。只有当用户点击你的广告时，你才需要付费；你甚至可以掌控每次点击的费用、每日预算以及广告展示位置。另外，Facebook设有每日广告投入上限，帮助你控制花费，同时，Facebook也会为单次点击应支付多少费用提供参考建议，以保证你的收支平衡。

创建网站

设计并创建网站要从商业和审美趣向两方面进行考量，并遵循以下几点设计准则。

网站设计

要把创建网站或寻求网络合作和技术支持的费用将至最低。

网站托管／专用网址

URL是"Universal Resource Locator"的缩写，中文名为"统一资源定位符"，简称网页地址。你如果想把品牌名称作为网址名的一部分，就要先搜索此网页地址，以确保其没有被他人注册。如果已经被注册了，就要在原有名称上加入一些字符，比如.co、.net，或者.biz。如果想拥有专用网址，就要寻求网站托管的帮助。这类公司提供一系列服务，包括：高级托管（就是把网站的设计、托管、管理等事务全交由他们负责）和初级托管（设计、上传和管理事务还是由自己负责）。

网站托管／通用（共享）网址

更节省开支的方法就是将网站创建事务交由那些免费的在线网络托管公司管理。这些公司既提供免费的服务，也提供收费的服务，比如moonfruit.com和limedomains.com网站公司就提供这些服务。如果你寻求免费服务项目，那么他们将为你提供包含品牌名称的域名，但管理权在网站公司手里。比如，你托管给www.babyjane.com（一个虚构托管平台），那么最终呈现的网站域名可能是类似http://audreycouture.babyjane.com这样的名称。对事业刚起步的设计师来说，那些没有管理费用、预先设定好并且便于操作的网站更加合适。但是，可能你的客户在搜索"audreycouture"这个关键词时，网站上就不会显示你的主页地址，因为你的网址是在babyjane.com这个托管公司权限之下的子网站域名。

博客

通过像wordpress.com和blogger.com这样的博客软件系统，你可以相对容易地建立自己的博客；这些博客为用户提供很多博客主页模板，并根据用户需求提供其他一些服务。在博客中创建网页分为收费和免费两种，它们各有利弊，你要根据自己的预算来权衡哪一种更适合自己。很重要的一点是，一般都是时尚评论员，而非设计师本人运用博客这一资源。

备忘录： **创建网站**

- 是否打算创建网站？
- 你的网站是否吸引了消费者并建立了消费者的品牌忠诚度？

- 是否具备创建网站的技术？
- 专用网址和共享网址哪一个更能满足你的需求？

- 是否发现了使用博客的好处？
- 是否注意到了搜索引擎的价值？

- 是否准备在社交网站上对品牌进行宣传？
- 是否最大化地利用了社交网站的优势？

结构与顺序

- 创作令人印象深刻的作品集的关键法则
- 了解毕业设计作品集中应包含的内容

创作设计作品集时有两个重要目标：传达出作品独特的风格，以及以一种与众不同的方式展示你在设计上的才能。

虽然在作品中展示自己独具魅力的设计才能至关重要，但同时也要遵循一些创作的基本概念，这样才能使作品达到预期的效果。一般来说，面试官期望你具备独特的工艺知识、熟练的专业技能，以及对设计持有独到的见解。另外，你要不断提高作品的水平并懂得如何推销作品，这样才能在激烈的竞争中脱颖而出，在面试中拔得头筹。千万不要犯这样的错误：向面试官展示那种只是简单混合了各种概念、缺乏创意的"拼凑式"作品集，这样会让整个作品失去原创性的魅力。

◄► 对设计布局的再创作过程
在最终作品的人物构图上并没有什么必须要遵循的法则。需要注意的是应避免千篇一律的表现方式，要不断变换人物风格以及表现手法，通过手稿、电脑效果图等多种创作手法彰显你的设计才能。

备忘录：内容

- 作品集是否遵循了基本的内容创作标准？
- 是否展示出了创新思维和设计技巧？
- 作品是否具有高度原创性和创新性？

- 设计作品能否使你在激烈的竞争中脱颖而出？
- 是否遵循了"少即是多"的简单设计风格并展示了最有价值的作品？
- 作品集的内容是否能够吸引观者？

- 是否主动了解了别人对设计提出的一些意见？
- 作品设计是否经过了深思熟虑？
- 设计作品集中是否包含了不同季节、色彩和面料的服装？

- 是否还需要独立的手稿册以完善作品集展示？
- 是否还准备了三到四组备选设计系列？

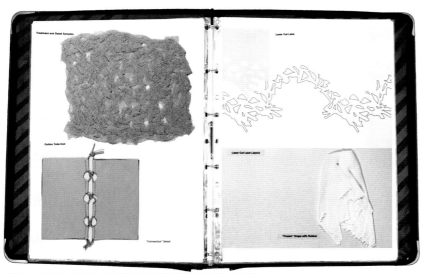

让观者了解你的设计灵感和选取的面料

通过展示面料处理方法、缝制的样品以及图案印花技术等，传递设计细节和相关的制作工艺等方面的信息

人物造型和平面图可以采用分开布局或并列布局这两种方式进行展示

五大设计原则

1 独辟蹊径

打破设计作品的固定模式往往能够使你从竞争中脱颖而出。有些人会选择将手稿册和设计作品集分开呈现，而有些人则将二者合并为一。不管采用何种展示方法，都要把重点放在展示作品独特的设计风格和审美趣向上。

2 少即是多

为了创作出优秀的作品，必须在创新概念和定位审美趣向方面花费大量时间。有时甚至需要缩减作品数量以表现出设计的整体感。

3 留有悬念

要时刻让观者保持对作品的好奇感。那些有悬念、能激起观者好奇心的作品，比那些信息容量大、表达直白的作品更令人印象深刻。

4 兼听则明

要善于听取那些训练有素、评判客观人士的建议。设计领域的专家固然是最佳选择，但如果能得到其他行业专家的意见，也是非常有益的，因为他们是客观的。听取专业意见后再对作品集进行修改，可以让你在面试时更有竞争力。

5 打破常规

时装设计要打破常规、预测未来并不断创新。纵观历史上那些成功的设计师，他们无一不具有勇于创新的精神，对当时的设计准则提出了巨大的挑战。比如，迪奥先生创造了"新样式"的设计概念，普拉达女士在奢华装饰主义盛行的20世纪70年代为时装界带来了简约风和对标志的狂热追捧，而唐纳·卡兰女士则在20世纪80年代提出了服装要根据场合进行定位的观念。

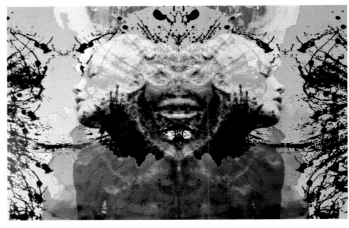

▲▶ 审美介绍

作品集开头的简介有助于观者深入了解你的设计品位。就如同这几幅图，能很好地展示出设计师的审美标准。

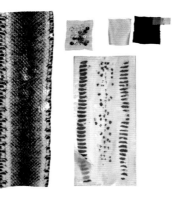

▲▶ 呈现多样性

用你所能想到的各种方式来表现作品的色彩、灵感和面料的多样性。这一组作品就利用针织衫和薄绸的对比强调了设计的主题和概念。

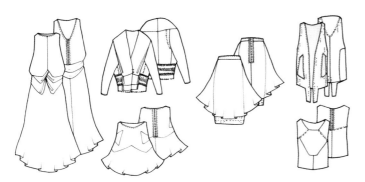

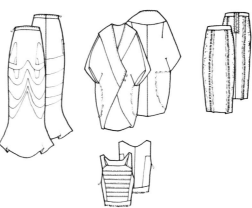

▲▶ 布局页面及变换环境

在创作平面款式图时也要注重对空间进行布局，变换不同的背景环境更能凸显设计的整体风格，从而多角度地展示作品的魅力。款式图的空间布局要与整个作品集的风格相一致。

创作作品集的六点要素

一个受欢迎的设计作品集既要包含多样化的设计，同时也要展示出统一的审美趣向并准确定位目标客户群。通过设计不同季节、色彩、面料的服装系列，你可以展示出自己在设计方面独特的创新能力。

对于那些正在寻找第一份设计工作的人来说，要从以下几方面审视自己的作品集。在面试中你可以将以下几点注意事项应用到你所应聘的职位上，同时这些也会帮助你完成很多专业性的工作。

1 作品简介

第一页的介绍需要包括作品风格、审美趣向和作品的整体特点等内容。就如同时装店一样，要让消费者一进去就体验到整体的格调和时装的风格。你在作品集中所采用的照片、艺术品、作品的标志图案，甚至是时装插图，这些都能引起观者的注意。

2 作品集服装系列的组合

三组秋／冬系列

秋／冬系列的顺序一般是职业装、日装，最后是牛仔、针织或晚装等系列。对这些进行创作时，要考虑如何用不同方式解决色彩和面料问题。职业装一般采用驼色、海军蓝和白色，这些色彩可以使服装看起来更加生动、简洁，突出剪裁，而且能吸引观者关注"从头到脚"的每个细节；日装则要突出廓型和面料质地，而且要满足"多件组合式"的穿着方式，所以多采用同色调的颜色；第三类中的针织、牛仔等更关注设计细节和制作工艺，而晚装则更要突出华丽的戏剧化效果。

系列间的"暂停"

每组不同风格的系列之间要穿插一些调节审美节奏的作品，比如配饰、秋装系列之后的度

假服，或是体现设计创新性的那些试验性服装款式。

三组春／夏系列

和秋／冬系列类似，春／夏系列也分为职业装、日装以及运动专用服、晚装或针织类服装这三个部分。

3 手稿册

和作品集一样重要的就是你的手稿册，它能够展示出你的设计过程及设计才能，并且它也是面试中非常关键的测评点。所以，要通过手稿册展示出你的整个创作过程、最终的设计作品和其他一些设计上的内容（而不仅仅是创作单独的、形式化的作品选集）。如果你选择用一个合并手稿册的作品集来展示设计成果，就要确保其作品的数量和质量不逊于任何一个单独的作品集。总之，无论你采用哪种表现形式，都要确保其专业性。

4 辅助作品集

有的时候，你还要通过另外一个起辅助作用的作品集来强调自己设计上的其他才能，展示获得过的奖励、出版过的作品或是其他一些相关项目。这一作品集要在主要作品集展示完成后作为辅助内容进行展示，但同样要确保其具有足够的专业性，否则反而会对你的面试造成负面影响。有些设计师会在这个作品集中展示更多的概念性设计，以突出其全面的设计能

力和非凡的创新能力。

5 作品及个人信息卡

面试结束后，要给面试官一份包括你个人信息和设计作品信息的文件，可以包括个人简历、宣传册，或是作品集的电子版备份。牢记"少即是多"的原则，不要提供赘余的信息。另外，还要准备一张标准规格的纸张，上面包括你的名字、住址、电子邮箱和网址主页等信息。

6 三至四组后备系列

要准备三到四组额外的作品系列以应对不同的设计公司。通过对服装种类、制作工艺、色彩选取等方面的精心准备，使你的作品集能够满足不同设计情境的审美需求。

▼ **独特的设计世界**
作品集开头的介绍要将观者带入设计师的精神世界中。图中这抽象的一页就展示出了作品的风格、客户类型、服装廓型等设计要素。

定位作品集

- **明确作品种类**
- **明确你所青睐的设计风格**

明确定位目标客户群，有助于设计师设计出更具针对性和更专业的作品。

不断完善最终的设计作品系列（参见第一章）可以使自己明确目前的优势以及未来需要深入学习的领域。对一些设计师来说，一个晚装作品集至少应该包含以下几点：多样化的色彩与面料、广泛的灵感来源和创作理念、不同的创作手法，所有的这些都要展示出你的设计才能与工艺技巧。其他主题的作品集可以通过创作一系列日装、配饰、晚装等服装种类来表达你的审美趣向，并表明你所青睐的设计风格。不论你决定创作哪种作品集，在开始创作前都要先明确你所心仪的设计公司对于设计的要求。

◀ 风格定位

这种改良版的、朝气蓬勃的款式赋予设计一种无忧无虑、轻松活泼的气息。具有现代感的色彩、面料和经过重新裁剪分割的服装比例，同时保证了设计概念的前瞻性和新旧款式间的关联性。

备忘录：如何定位作品集

- 是否找准了自己在设计中最容易获得成功的领域？
- 设计是否符合目标价位的要求？
- 设计是否保持了一贯的创新性？
- 是否对目标客户群有明确的定位？
- 面料、色彩、灵感以及其他一些设计细节是否能满足目标客户的需求？
- 设计是否涵盖了不同的季节和种类？
- 是否已有心仪的设计公司？
- 设计前是否对零售市场做了充分调研？

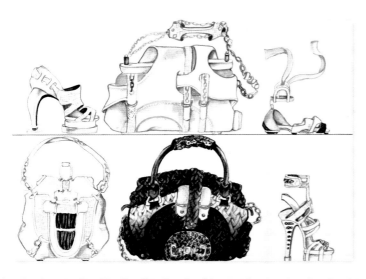

◀▼ 关注细节

虽然毕业设计作品集应该集中在一个特定的设计领域，但创作多种类型的作品能够展示出设计者全面的设计能力和独特的审美趣向。作为刚毕业的学生，在寻找第一份工作时要尽量展示出自己多方面的设计才能。

备忘录：

设计者可通过以下几方面来确定设计作品的种类。

找准价格定位

不论你是将重点放在配饰设计上，还是其他方面，都要确保设计能体现出特定的生活方式和审美趣向。你的设计要考虑价格定位。你是期望在Abercrombie&Fitch公司工作，还是在Carolina Herrera公司工作？面料、设计细节、服装结构、制作工艺，甚至是风格款式，这些都要形成一个统一的整体。记住，把市场需求或服装类型等因素抛到一边，设计中最重要的是要具备创新性。

明确定位客户群

类似于价格定位，在设计时装时还要明确定位目标客户群。多样化的色彩、面料、灵感来源和服装的每个细节，都可以展示出你设计的全面性，但同时也要注意把这些因素通过统一的审美趣向或服装用途体现出来，不要让消费者感到混乱。明确客户的需求和他们对时装的期望，比如他们希望购买的是哪种服装款式？只有弄清以上这些方面，你才能在设计中有一个整体的方向。你是倾向于运用相似的廓型、多样的面料以及色彩进行搭配创作（比如Prada公司的二线品牌Miumiu）？还是更倾向于设计那些不同于常规的独特廓型的时装（比如Comme des Garçons公司的服装）？

设计四季服装款式

除了关注季节因素，大多数设计师还重视不同的服装类型。秋/冬、春/夏和休闲/度假服是每年常规的设计作品类型。季节、面料、色彩运用、造型方式等都会影响设计者的设计，为了展示你对上述这些因素的理解，你的设计必须要包含各个季节的服装款式。另外，还要通过不同的裁剪手法对每个季节的基本系列款式进行创新。

确定五至七家青睐的公司

在创作作品集之前，先要确定五至七家你所青睐的设计公司。你可以从以下几方面对这些公司的相似点进行总结，包括价格定位、目标客户群、时装设计风格以及对色彩和面料的偏好，这样才能使你自己的设计更加贴近他们的要求。做好这五个方面的调研，才能设计出令他们满意的作品（而不是在面试时展示那些不符合公司理念的设计）。

制作销售报告

对时装零售业进行市场调研能帮助设计师更加了解行业的发展趋势。调研过程中要记录哪些商品打折，哪些商品热销，要从导购那里获取有关消费者的有用信息。消费者非常信任那些能了解其需求并为之提供购买参考的导购。这种市场调研不仅能在面试时给考官留下深刻印象，同时也有助于你以市场为导向进行作品的创作。尽早地掌握这一有效方法，能使设计师更快地适应时装行业的运作模式。另外，设计师也要把这一方法与自己的事业发展始终结合在一起，以便及时调整自己的设计方向。

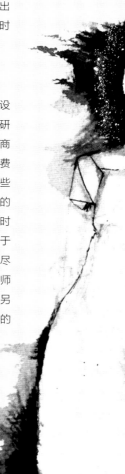

定位作品集

女性日装

日装设计师为消费者提供时下正流行的各种款式，并且通过不同的制作工艺和搭配组合来满足不同客户的需求。

- 日装的特色
- 如何变换设计强度

日装或许是时装设计领域中最大的一个服装类型了，因为它不受人口分布和消费心理这两大方面的影响，它与每一个个体的生活息息相关。日装所追求的"混搭风格"更是满足了消费者那种"一站式"购物的购买心理，同时也为消费者提供了各种设计强度的服装。从廓型基本相似的风衣和剪裁合体的西服式夹克，到为一些特殊场合准备的既精致、又具有雕塑感的小礼服，消费者可以在一个系列的日装中找到符合自己所需的一切。

在设计日装系列作品时，以从高到低的设计强度开始创作，先从最能体现设计风格的20%入手（参见下一页中"变换设计强度"的部分）。

▼▶ 完整的款式呈现

下面几幅图清晰地呈现了从立体感较强的立体裁剪款式（通过衣片的不同组合来体现），过渡到平面感十足的拉伸式晚装款式这一完整的系列。这种服装线条的变换就是一种从垂直结构（垂直性变化）到平面（服装对角线运动）再回到垂直结构变化的过程。这也体现了从平面到立体剪裁的廓型变化。

日装的五大特征

1 用重量、质地不同的面料和织物制作概念鲜明、结构考究的服装。

2 具备"混搭风格"的一系列服饰，包括户外服、夹克、上衣、裤子和裙装。

3 通过详细完备的产品销售策略，为消费者提供"一站式"购物体验。

4 制作各种设计强度的服装，给消费者带来不一样的穿着体验。

5 向消费者呈现服装的各种款式，使其了解到设计师清晰、独特的设计风格。

变换设计强度

作品系列中应包含不同设计强度的作品。根据设计强度将作品分为三大类不但能够明确客户需求，而且能够制定符合不同消费层次的零售价格。另外，这样的分类可以使设计作品的内容更加充实。

顶级设计强度（占系列总数的20%） 指的是最能体现设计概念和灵感的作品。这部分服装可能只是为了在秀场上进行展示，而不是以出售为目的，也可能包括那些价格昂贵但质量一般的样式。比如，奥斯卡·德拉伦塔设计的那种昂贵的刺绣外套只有很少的几家零售商会购买；而维克托·霍斯廷（Viktor Horsting）和罗尔夫·斯诺伦（Rolf Snoeren）所设计的精品只是为了获得媒体的关注度，并向世人展示他们富有戏剧效果的设计理念。

中等设计强度（占系列总数的60%） 这一部分服装是系列作品中最关键，也是零售商和消费者最关注的部分。这一部分服装也要有各种不同的设计强度并制定与之相匹配的产品销售策略，从而满足不同零售商、时尚编辑和消费者的需求。这部分服装中会有很多廓型相似、但细节多样的夹克，而且也会有一些从顶级设计强度中过渡而来的服装款式。

普通设计强度（占系列总数的20%） 包括那些并不能彰显设计系列风格的一些服装款式。比如传统的黑色西装、裁剪硬朗的西服式衬衫或是一些有标志性图案的T恤，这些服装的制作面料都很普通，并不是依据客户的需求而特别裁制的。这一部分服装价格相对便宜，使那些"非时装"消费群也能够感受到时装设计的魅力所在。

顶级设计强度（占20%）：彰显设计灵感
通过夸张的服装廓型和特殊的面料，传达设计概念。

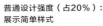

20%

60%

20%

中等设计强度（占60%）：获得消费者认可
从顶级设计强度过渡而来，兼具实用性和独创性的服装。这一部分服装要包含不同设计强度的作品。

普通设计强度（占20%）：展示简单样式
运用普通的面料设计廓型相对简单的服装。

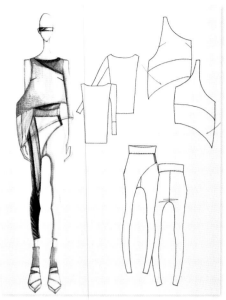

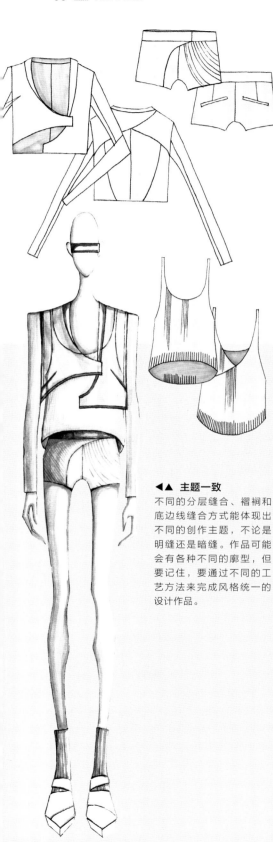

日装销售策略：每个系列包含六至七款样式

虽然每一季的系列服装没有固定的样式，但是日装设计还是有个基本的设计大纲，设计师可以在此基础上根据个人的审美趣向和消费者需求进行创作上的更改。这一模版为每一个系列提供了设计上的广度与深度，同时可以确保设计师更好地对面料与色彩进行搭配。每个系列的六至七款样式一般包括以下几类。

◄▲ 主题一致

不同的分层缝合、褶裥和底边线缝合方式能体现出不同的创作主题，不论是明缝还是暗缝。作品可能会有各种不同的廓型，但要记住，要通过不同的工艺方法来完成风格统一的设计作品。

三至四款外套

不考虑季节和气候因素，每一个系列中都要包含外套。即使是在炎热的夏季，消费者在相对凉快的日子里也是要穿外套的，或是用以抵挡烈日和雨天。大多数设计中会有一款西服式外套、一款短外套和一款面料或廓型上比较创新的外套。每一款不同的设计都要给消费者带来不一样的穿着体验以及可以应对不同的场合。

两至四款夹克

虽然不是每一个设计师都会设计传统的西服式夹克，但每一个服装系列都会将其作为必备的一种类型。它可以用与整套西服相匹配的面料制作，也可以用其他比较厚重的面料制作，甚至可以用薄皮革或尼龙面料制作，从而凸显整个服装质地的对比性。还可以在夹克上运用印花、手绘等工艺。随着气候的变化，夹克也可以作为外套使用。

两至三款（仿男式）衬衫／女式衬衫

这两种衬衫有着各自独特的设计，能够满足不同消费者在不同场合的穿着需要。这类款式一般包括经典男式风格的棉质衬衫、印花风格的薄纱棉质上衣、早晚都能穿的金色查米尤斯绉缎露背上衣，或是雕塑感十足并带有刺绣或串珠的上衣。

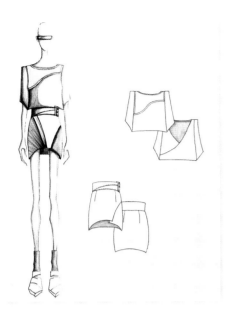

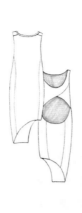

▲ 完美的搭配

设计师运用不同的色彩搭配为消费者带来了不同的视觉体验。图中的设计款式可以使穿着者在相对平衡的搭配中，自由选择明亮或是深暗的主色调。

两至四款针织衫

针织衫是日装系列的必备类型，包括透明薄绸的山羊绒针织衫、手工编织感的针织衫、紧身套头运动衫以及一些高密度并有户外服功能的针织衫。和衬衫的分类一样，针织衫可以与其他类型的服装组合搭配穿着，从而凸显服装色彩的美感；或者单独作为真正的艺术作品，比如瑞典设计师桑德拉·巴克伦（Sandra Backlund）的设计就是如此。各种纤维类型、机织或手工缝制的设计、素色的图形设计等，都要包含在设计作品集中。设计师要考虑：如何将针织面料用于晚装制作；印花、嵌花或串珠工艺如何能使设计更加鲜活；如何通过非传统的工艺设计，将针织面料用于西服夹克或配饰设计中？

两至三款裤装

裤装的款式多种多样，既有制作精良、裤脚处有翻边的西裤，也有相对宽松、便于活动的粗斜纹棉布裤子，并且制作过程也变化颇多。为了凸显上装，裤装在细节处理上一般比较简单，但在牛仔裤市场上情况则截然相反：牛仔裤的细节设计、间面线工艺、金属扣眼设计以及裤袋样式，都是整个服装风格的关键。

两至三款半裙

和裤装一样，半裙也是整个设计系列不可或缺的部分，必须通过不同的廓型和制作方法使消费者获得不一样的穿着体验。但是，由于半裙装的长度以及穿着场合的多样性，设计师通常会在它的廓型和面料选择上进行各种试验性设计。比如，剪裁合体的毛华达呢面料铅笔裙、雕塑感十足的全丝硬缎垂褶泡泡裙、波浪式印花薄绸拖地长裙、多层的农家裙（有绣花腰带的皱褶裙）和晚宴上的七彩珠光迷你裙。

一至两款连衣裙

连衣裙因其穿着的便捷性和其对服装廓型的修饰作用，越来越受到消费者的青睐。根据消费者不同的生活方式，连衣裙可以用作制服工装、休闲便装和晚装，也能满足城市和乡村两种完全不同的生活方式。连衣裙可以是单色织染，也可用印花图案；可以创作大众熟知的廓型或建筑感十足的硬挺廓型；可以将其设计成沉静、端庄的样式，或是具有诱惑力的性感款式。设计师要运用各种面料来创作各种款式的连衣裙，从而增强整个系列作品的表现力。

备忘录：
创作优秀的日装作品集

- 是否包含无纺布和针织面料？

- 是否包含纯色织物和印花织物？

- 设计系列是否丰富全面？是否有重复的内容？

- 服装色彩和设计款式能否满足各种场合的需要？

- 如何对20%、60%和20%这三类设计强度的服装进行设计？

- 是否出现了与消费者生活方式不符的服装？

- 如何使面料样品更加清晰地体现设计意图？

- 作品集中的每一款设计作品是否都符合要求？

- 为更加清晰地表达作品，是否要对部分设计做更加形象化的解释？

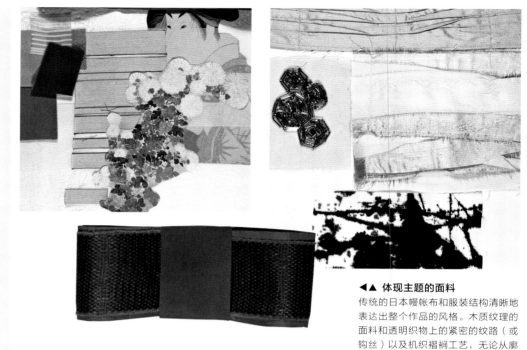

◀▲ 体现主题的面料
传统的日本幔帐布和服装结构清晰地表达出整个作品的风格。木质纹理的面料和透明织物上的紧密的纹路（或钩丝）以及机织褶裥工艺，无论从廓型上，还是从设计细节等方面，都为消费者提供了多样化的选择。

▼▶ 展现全方位的生活方式
在创作服装系列时，设计师要全面准确地掌握消费者的各种需求。为了同时满足消费者的基本穿着需求和一些具有个人偏好的个性化要求，设计师要完成每一个系列中各种基本款式的变换设计。

定位作品集

女性晚礼服

从国际盛典上的红毯礼服，到日常晚宴上的组合套装，晚装作品集要涵盖适合所有晚宴类型的各式款型和样式。

- 廓型与制作工艺的作用
- 有效地运用色彩

作品集中的晚装系列要满足消费者不同场合的穿着需要，并带来不一样的穿着感受。如果作品集包含的设计类型越少，那么其中同一类型的服装款式就要越丰富。不同的作品集系列，比如晚装、婚纱装、内衣和配饰等，每个系列都要完完全全展示出其设计风采，不论是从设计方法入手，还是从整个制作工艺入手。晚装作品集必须涵盖各种面料和款式，如宽松款和修身款、裙装和套装、各种梭织面料和针织品、单色和印花图案、平纹织物及各种装饰物。

▼▶满足各种场合所需

晚装不仅仅是红毯礼服，各种组合套装、同时适合白天和晚间的装束，以及一些相对简单的款式，都应该包含在作品集中，从而体现出你的市场敏感度以及审美趣向的多样性。

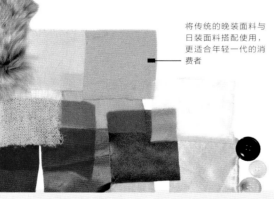

将传统的晚装面料与日装面料搭配使用，更适合年轻一代的消费者

从这件晚装夹克上能分析出整个作品系列的销售定位

备忘录： 创作优秀的晚装作品集

- 是否运用了多种制作工艺？
- 设计的整体制作工艺能否体现出消费者的审美品位？
- 作品系列中是否兼具宽松款式和修身款式？

- 是否兼备红毯礼服和日常晚装？
- 面料样本（比如串珠、刺绣等）能否清晰地表达设计意图？

- 整个设计系列能否反映当下及未来的晚装流行趋势？
- 整个服装的廓型和各种样式的饰边是否有足够的变化？

- 是否既有裙装又有组合套装？是否包括各种梭织面料和针织品？
- 如何定位消费者的年龄范围？这是否对你的设计及目标客户有影响？

▲▶ 一个完整的作品系列

晚装设计与日装设计一样，都要制定一套完整的销售策略。从变幻的色彩、多样的廓型、互相关联的主题元素，以及带有叙事色彩的设计概念的体现，都可以给消费者带来"一站式"购物的体验。

　　想象消费者晚间可能会参加的各种活动有助于你选取恰当的面料、廓型进行设计，同时也能够为你提供设计灵感，并可以在此基础上进行有效的设计调研。

　　虽然目标客户群不可能将你设计的所有晚装款式都买回家，但是你仍然要做好完整的产品销售计划，就像设计日装时一样。款式是否具有多样性？设计中是否运用了各种不同类型的织物及制作工艺？设计中是否兼备裙装和组合套装？是否既有为参加各种大型活动设计的红毯礼服也有为日常活动准备的基本装束？任何受欢迎的设计都有一个共同点，就是要让消费者感受到时装的魅力，并获得各种服装类型的穿着体验。

廓型和面料工艺

　　设计师在设计晚装时，需要在服装廓型和面料工艺上下很多功夫。鉴于晚装特定的类型和穿着时间，只有不断发掘服装款式的多样性，才能使每一个系列的作品独具一格，同时也避免了赘余无用的制作工艺。比如，即使设计师已经有了一套很娴熟、固定的设计方法，但为了满足更多客户群的需求，也要在很多细节上做出相应调整。很多设计师通过变换设计主题、服装款式来塑造整个服装系列的全新感觉。比如，将硬挺、雕塑化的廓型用丝织薄绸或无光针织布进行重新剪裁，虽然服装的整体细节没有变化，但是面料的不同会给消费者带来完全不一样的视觉及穿着体验。这样不但有助于产品的销售，而且也会扩大品牌的消费群。

　　选取不同的面料可以丰富作品集的多样性。虽然很多设计师，比如雷姆·阿克拉（Reem Acra），偏爱用传统的廓型和面料设计晚装；但其他一些设计师则更喜欢用创新的制作工艺及各式面料的搭配来呈现全新的晚装，比如DKNY品牌标志性的氯丁橡胶晚礼服。如何将传统的晚装面料运用到日装的造型中呢，比如设计一款全丝硬缎的风衣？或是将传统的无肩带晚装用一种不寻常的面料进行设计，比如粗斜纹布或刺绣的棉府绸？

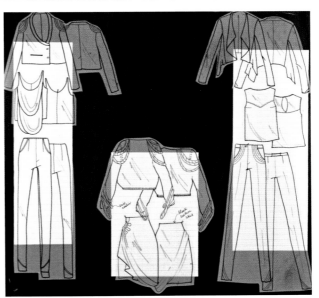

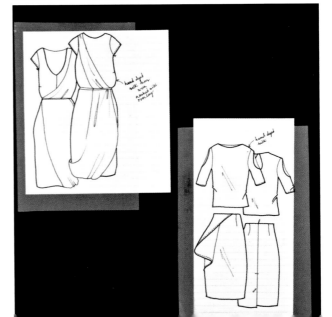

雕塑师与装潢师的区别

就像时装设计给人带来各种不一样的审美体验一样，设计师也自然而然地分成不同的类型。纵观历史，我们可以发现设计师在晚装设计中的不同关注点。像山本耀司、查尔斯·詹姆斯（Charles James）、巴伦夏加（Balenciaga）和维奥奈特（Vionnet）夫人这样的设计师，倾向通过简单的面料来表现服装样式、垂感及其雕塑般的廓型。相反，其他一些设计师则更关注印花设计、串珠、面料细节处理或是其他一些织物表面装饰的设计细节，因此他们会选取那些能够彰显装饰物魅力的样式。作为一名设计师，要时刻谨记在这两种创作风格中选择自己擅长的一种，尽量避免两者冲突。色彩鲜艳、镶满珠饰的面料最好设计成简单的无肩带晚装；而在白色帆布上运用黑色平纹罗锦缎进行设计可以产生雕塑感较强的效果。

为情感着色

服装色彩的选择至关重要，因为色彩能够准确地反映出消费者的情感诉求和服装的整体感觉。

色彩运用的比例、位置、调配以及整体的色调都能反映出服装所要传达的情感诉求。比如，那些穿着暗紫红色与灰色相间服装的客户和那些穿白色、番茄红、牛仔蓝和黑色相间服

◀ 外形与表面色彩

左边两组图反映了不同的设计方法。左上一组设计运用简单的面料突出了服装的垂感和整体外观，也奠定了作品深沉的基调；而左下一组设计虽然采用了和上面类似的廓型，但通过运用华丽的色彩，彰显了织物的魅力。

选取色彩：从艺术家身上发现灵感

通过学习过去和当今一些有名望的艺术家的作品，可以帮助你了解色彩与情感之间的关联性。在欣赏一幅作品时，要弄清楚以下几个问题。

· 什么是色彩布局？它又是如何反映情感诉求的？

· 色彩的变换是如何改变整个设计风格的？

· 艺术家想通过色彩或色彩区域传达怎样的信息？

· 用不同色彩填充作品会带来怎样的风格变化？作品风格是变得更加沉稳抽象，还是更加鲜明具体？

· 作品增大一倍或缩小一倍会给你带来怎样的情感变化？原因何在？

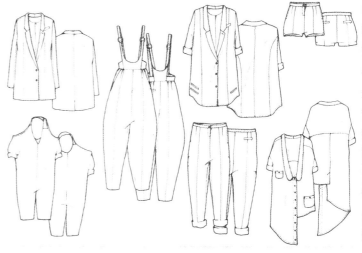

◀▲ 身着盛装

晚装作品集要包含各种样式，同时满足消费者在不同场合的穿着需要。这一个系列将晚装的面料运用到相对日常的服装样式中，从而使款式看起来没有红毯礼服那么正式。

装的客户会带给你怎样不同的感觉？那种沉静、垂直的样式配以高雅的同色调色彩就会使服装看起来更加成熟，而动感、方格图案的样式配以对比强烈的色彩则使服装更显活泼。这一点在晚装设计中非常重要，很多女士都通过鲜艳大胆的色彩和有趣的饰物搭配来彰显个人魅力。从红色拖地的薄绸礼服，到有印花图案及珠饰的短裙，色彩的变换赋予了服装完全不一样的风格特点。

通过学习艺术史可以了解色彩是如何表达不同情感诉求的。色彩能够很好地反映设计风格和主题。从巴内特·纽曼（Barnett Newman）在抽象画布上对色彩"极少主义"的运用，到莫奈（Monet）干草堆系列油画作品中对色彩的表现力，艺术家通过对色彩的极致运用创造了各种审美体验。

一旦掌握了色彩的用途以及它与情感诉求之间的密切联系是如何体现作品的风格和消费者的需求时，你就可以在欣赏秀场服装表演时将其对号入座了。设计师是如何通过色彩吸引你的注意力的？不同的色彩给你带来了怎样不同的视觉体验？如果对服装重新配色，那么整个设计会呈现怎样不同的感觉？是否会传达出完全不一样的设计理念？

定位作品集

内衣与家居服

没有多少手工缝制的奢侈品能和制作精良的内衣相媲美。这个制作工艺简单，曾一度被掩盖了光彩的设计领域如今已经成为设计界的一匹黑马，所以一定要以一种安排有序并且充满活力的方式表达出内衣作品集的风格。

- 了解主要的内衣分类
- 了解内衣产品的多样性

随着各种社会规范对人们限制的减少，以及消费者对精心设计的时装和先进面料需求的不断增加，当今内衣和家居服市场广泛地囊括了各种产品。从1959年杜邦（DuPont）公司研发出氨纶材料，到如今女性晚上也穿着的查米尤斯绉缎和薄绸制作的贴身背心，内衣在当今服装消费市场获得了与T台时装设计同样的关注度。作为一名内衣设计师，你必须依据关键的设计准则去完成每一个系列的设计，包括定位目标客户、设计灵感调研、色彩和面料的选取、确定主题，以及了解"一站式"购物的销售策略。

设计的分类

女式内衣可以分为以下三类：胸衣、内衣和睡衣。胸衣包括文胸、紧身内衣、胸腹束带和紧身上衣，这些往往需要知道胸部的罩杯尺寸等；内衣包括内裤、吊带背心和衬裙等结构简单的服饰；而睡衣就如同字面所体现的意思一样，包括一些柔软舒适的服饰，比如宽松的睡衣裤、女式睡袍、长睡裙和家居便服。

虽然泳装、沙滩装和舞蹈服看起来和内衣没有什么关系，但这三种服装也包含在内衣的范畴内，所以作品集中也要包括这三种服装。因为这三种服装和内衣的制作、罩杯构造以及廓型都差不多，所以很多品牌同时设计这四种服装样式。

▲ 浪漫的幻想

制作精良的内衣向人们展示了什么是时装：它不仅体现了实用价值，而且满足了消费者审美和情感的需求。

◀ 奢华的诱惑

高级内衣公司使用的是做工精巧的蕾丝、丝绸以及精良的服装制作工艺。就像图中所展示的意大利著名内衣品牌La Perla的内衣一样，用高品质的内衣奠定了品牌的魅力。

备忘录：创作优秀的内衣作品集

- 设计作品集时，是否运用了定位目标客户、设计灵感调研、色彩和面料选取以及确定主题这些设计准则？
- 是否给客户带来了"一站式"购物的体验？

- 是否了解了内衣和家居服设计的关键所在？
- 作品集是否涵盖了所有种类的内衣产品？

- 作品集能否反映内衣的穿着环境（比如作为正式的晚装）？
- 是否通过对顶级内衣品牌的调研提升了自己的设计工艺？

- 是否紧跟内衣市场的流行趋势？
- 是否了解了畅销内衣的内在特征？

▲ 无法逾越的障碍
内衣的设计结构、种类、廓型的变化是有限的，所以设计师要通过色彩和面料质地的变化来完善整个设计技术上的不足。

勇于在困境中创新

内衣设计可以采用与配饰设计相类似的方法。对设计细节的特别关注才是成功的关键，要享受这种在丝绸、蕾丝和纱绸等特殊面料上完成创作的乐趣。和日装不同，内衣设计在面料的选择上比较宽泛，虽然内衣设计的廓型种类并不是很多。然而，内衣设计师通常很享受这种在有限的创作条件下创作出各种新样式的设计过程。如果你就是这类人，那么恭喜你，你会在这个领域发挥自己卓越的才能的！

拓宽内衣设计的领域

在弹力面料问世以前，内衣的面料仅限于亚麻布和棉布。可塑性面料的出现简化了过去复杂的服装结构，内衣开始有了属于自己的一片设计天地。从1990年麦当娜（Madonna）在Blond Ambition世界巡回演唱会上穿着让·保罗·高缇耶设计的金贝壳锥形胸罩，到La Perla公司在史卡拉歌剧院（La Scala）举办的首场内衣秀表演，设计师们早已开始关注内衣设计的魅力所在。

在如今的内衣市场中，这种模糊的分类表现得尤为明显。即使你的作品集涵盖了所有晚间内衣的种类，你还是要创作那些白天／夜晚都能穿着的内衣种类，以此来展示你全面的设计才能。像蕾丝面料的全身紧身衣、镶有珠宝的吊带背心、刺绣缎面的紧身胸衣和可以当正式晚装穿着的女式长睡袍，这些都可以出现在你的设计作品集中。

顶级内衣时装公司

你可以通过对顶级内衣品牌的调研来提高设计的创新性和工艺技术。这不仅能够使你紧跟流行趋势、及时了解消费者需求，同时也有助于你设计出顶级的内衣产品。高品质的面料、有趣的设计、合体的剪裁和富有新意的细节，都能给公司带来回头客，同时使品牌享誉国际。以下是世界上一些顶级内衣品牌：

- La Perla
- Agent Provocateur
- Natori
- Victoria's Secret
- Chantelle
- Lise Charmel
- Triumph
- Spoylt
- Eres
- Hanro
- Laurela
- Allure de Star
- Damaris
- Fogal
- Aubade

齐全的内衣种类

呈现多样化的产品可以展示你的设计能力以及你对内衣设计工作的热情。以下列出的是每一个作品集中都应包含的产品种类。

胸衣
文胸
束胸
紧身胸衣
紧身女上衣
紧身短胸衣
紧身胸腹束带

内衣
三角裤和吊带三角裤
丁字裤
法式扎口短裤
连裤紧身内衣
吊带背心
衬裙

睡服
女睡衣
衬衫式长睡衣
宽松睡衣
睡袍
浴袍
女式长睡袍
和服式女晨衣

泳装及其他
连体泳衣
分体式游泳衣（套装）
比基尼
无带式泳衣
紧身泳衣
（演员穿的）紧身衣
连衣裤
沙滩袍
土耳其式长衫
跳伞服
海滩装

定位作品集
男性日装

- 男装设计师应具备的主要品质
- 男装是个令人振奋的设计领域

随着男性消费者对时装关注度的提高，男装这一设计领域需要更多优秀的设计师，以满足消费者的需求。

尽管男性日装在款式方面的发展变化比较有限，但它仍是服装市场上对创新性提出了最大挑战的设计领域之一。男性日装的样式基本确定，面料和色彩也没有太多的变化，而且市场对其关注度也一直是不温不火。

但是对于很多设计师来说，通过独创的设计在这一较难突破的设计领域再创辉煌正是他们不断前进的动力所在。比如，如何对基本款的白色衬衫进行设计创新？虽然服装的廓型和结构可能与前一季的设计相似，但细微的工艺差别、独特的面料、设计的整体搭配，甚至是纽扣等小配饰的选取，都能对服装产生巨大的影响。同样的，男装的消费群并不像女装的消费群那样多变，而且其在制作方法、面料选择和廓型等方面的变动也比较细微。基于以上原因，相较于追求新样式的设计师来说，只有那些对线条、廓型、色彩和细节都异常敏感的设计师才会偏爱男装设计。

▲ **服装比例与细节设计**
男性日装主要基于比例和细节上的创新进行设计。缩皱的运动夹克配上加长的针织羊毛衫，再配以经典的白色衬衫，使传统的样式增添了一种新鲜的风格。

备忘录：创作优秀的男装作品集

- 是否关注了对细节的设计并因此获得了不一样的视觉效果？
- 面料样本能否展示出细节设计？
- 整个设计是否符合目标消费者的生活方式？
- 是否在男装的基本廓型中加入了创新性设计？

- 服装的色彩是否符合男装的要求？
- 面料选取、细节处理和装饰搭配是否符合整个男装的设计理念和设计灵感？
- 设计是否体现了混搭的风格？
- 整个作品系列的风格和基调如何？是否面向的是同一类客户？

- 目标客户群更倾向对细节进行细微还是明显的变动？抑或是更欣赏相对平衡的改变？
- 消费者对服装样式变化的接受度如何？他们更倾向于接受比较前卫的样式，还是更偏爱传统的样式？

◄▼ 复杂／简约

不论采用哪种创作方法，时装都是对一种想法和审美趣向的视觉化解读。设计师利用简单明了的图形、线条和样式比例，使整个系列呈现出一种看似随意的视觉效果。

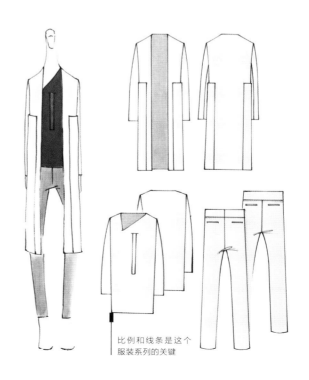

比例和线条是这个服装系列的关键

男装设计师应具备的七大主要品质

对于男装设计师来说，这一领域具有广阔的发展空间。以下几点是设计师进军男装市场时需要考虑的。

1 合适的面料与色彩

大多数男装设计师都以传统的日装样式和服装色彩为基础，并加入一定的创新性设计。尽管在样式和服装比例设计上的变动不大，但大多数消费者还是更偏爱可以使服装看起来比较阳刚的色彩和面料。比如，大多数消费者都不太喜欢薄绸、查米尤斯绉缎、卢勒克斯织物或蕾丝等面料（这些面料多用于女装），以及比较柔和的色彩。

2 巧妙的细节设计

细节设计是男装设计的关键之一。衬衫领子的撞色搭配、兜袋的设计、创新的间面线、无衬里夹克内部的对比缝合，以及褶皱裤上的新廓型等，都能给消费者带来不一样的穿着体验。有些设计师，比如保罗·史密斯（Paul Smith）和汤姆·布朗（Thom Browne），偏爱在传统样式上运用图形等细节设计；而像尼奥·贝奈特（Neil Barrett）和拉夫·西蒙斯（Raf Simons），则更偏爱设计一些样式新颖独特的服装。

3 经典样式

自19世纪现代西装问世以来，男装一直在已有的经典样式基础上进行设计。有些是根据实际使用的需要而设计，包括堑壕外套和猎装夹克；有些则是作为一种标志性服饰而存在，比如皮革机车夹克。但是，由于实用性始终是男性消费者的首要需求，所以当今的男性日装样式的变化并不大。每一季的男性日装都是在样式基本相同的情况下，从细节和服装科技角度开发新的款式。

4 准确的产品销售原则

男装并不追求样式上的过多改变，所以产品的生产销售就成了关注重点。紧跟流行趋势的消费者追求的是时尚、有趣的样式，而不仅仅是对传统样式的简单重复。风衣、夹克、衬衫、褶皱裤、T恤和针织外套，都可以是设计系列的组成部分。和女装多变的款式不同，男装的整体设计不会有太多款式上的变化。而且，男性消费者并不会特别关注设计师对整体服装的搭配设计，他们更看重的是能体现自我特色的混搭风格。

5 对主题多样化的解读

我们很难用文字解释清楚设计灵感或主题是如何被应用到男装设计中的。正如我们很难解释清楚亚历山大·麦奎恩后期作品所体现出的历史戏剧效果、约翰·加利亚诺（John Galliano）和川久保玲设计中呈现的梦幻色彩，以及与之形成反差的尼奥·贝奈特隐忍内敛的设计和荷兰籍设计师卢卡斯·奥森德里夫（Lucas Ossendrijver）为Lanvin品牌设计的亦刚亦柔的款式一样。比起从文字上对设计灵感做出概念性的定义，设计师通过服装展示出来的魅力才是消费者所追求的。

6 缓慢的样式转变

20世纪90年代，设计师赫尔穆特·朗（Helmut Lang）和艾迪·斯理曼（Hedi Slimane）为男装设计了纤细的服装造型。这一创新对于发展迅速的女装市场来说可能是微不足道的，而它带来的审美改变却影响了男装市场几十年之久。回顾历史，我们不难发现，人们对于男装和女装市场改变的反映和接受度是不同的。也正是基于这个原因，那些偏爱在设计细节上进行创新的设计师才会专注于对男装市场的开发。

7 单一的目标消费群

和女装消费市场不同，男装的消费群比较单一，他们对服装的审美趣向也相对一致。虽然各地区的人口分布、消费心态以及对每一季男装款式的要求都不相同，但有一点要注意，消费者的生活方式决定了男装的设计方法，而他们并不会太注重整体造型上的细微变化。

◀ **打破先入为主的偏见**
为达到设计上的变化，Lanvin男装通常将女装的一些设计方法运用到传统的男装样式中。这种设计上的细微变化更能吸引那些不喜欢复杂并且具有雕塑感造型服装的消费者。

▶ **发掘全新的设计细节**
从当地居民的服装中发掘设计灵感，对服装样式进行创新，并找到作品集的艺术定位。

风衣背部系带元素的反复运用突出强调了设计主题

用特殊字体在羊皮纸上撰写的文字说明可以凸显设计所要表达的历史性主题

简单利落的配饰（黑色靴子）能更好地表现服装的整体效果

定位作品集

男性晚礼服

虽然塔士多礼服一直在男性晚礼服中占据主导地位，但如今的男性晚礼服包含了更多的种类。为了满足消费者不同的审美偏好，设计师要运用不同的设计方法呈现多样的服装款式。

- 塔士多礼服各组成部分
- 设计除塔士多礼服外其他款式的晚礼服

从优雅的塔士多礼服到适合酒吧等场所穿着的随意款式，男性晚礼服折射出客户独特的着装品位和个性特征。有些男性偏好传统的礼服形式，而有些男性则喜欢通过另类、新奇的穿着挑战传统的大众审美观。虽然不像女性晚礼服那样有着各式各样的样式，但男性晚礼服同样通过各具特色的款式表现出与其他服装完全不同的气质风格。

当今的塔士多礼服

事实上，塔士多礼服一直是男性参加晚宴等各种正式场合的必备装束，但和以前相比，如今塔士多礼服的样式更加自由，不再受各种穿着规则的束缚。从改良后的婚礼服，到适合不同品位的时尚派对服，塔士多礼服可谓款式多样。从斯特凡诺·皮拉蒂（Stefano Pilati）为Dior品牌设计的机械风格塔士多，到传统样式搭配多样色彩和非传统面料的新式塔士多礼服，尽管像帽子、领带、商务套装以及其他一些正式的装束早已退出流行舞台，塔士多礼服却依然活跃在各种正式场合。

◀▶ 将流行融入经典
虽然塔士多礼服仍是各种正式场合的传统着装，但设计师通过改变传统结构和面料使得礼服样式更加多样化。

◀ 另类搭配

男性晚礼服的各种搭配取决于消费者不同的自我展示需要。有些人偏爱传统经典的塔士多礼服样式，而有的人则更注重可以突出个人独特个性的样式。比如图中由山本耀司设计的这款"有创造性的半正式礼服"样式。

如今的男士塔士多礼服主要与以下服饰相搭配：

- 丝绸内衬的黑色或深蓝色夹克西装要搭配青果领或戗驳领（剑领）；平驳领一般用于非正式场合；象牙白的夹克西装一般适合在夏季或较暖和的季节穿着。
- 拼接面料的裤子可以用一条侧章或穗条遮挡住裤侧缝；不能有裤边、祥带或褶饰；（裤子）背带可以用来提拉裤子。
- 虽然当今流行的塔士多礼服已经不再使用卡玛绉饰带这种配饰，但它仍是传统塔士多礼服不可或缺的部分。
- 白色西装衬衫。马赛勒风格（凹凸纹细布）的衬衫是比较传统搭配，但也可以有其他选择。最正式的衬衫要有领扣和袖扣，袖扣一般为金色或银色，可以用玛瑙和珍珠母贝进行装饰；双排袖扣之间有链子连接，这样可以使衬衫显得非常正式。
- 黑色领结搭配贴边的翻领。方格花纹或新奇的主题图案不太适合用于过于正式的场合。
- 黑色丝绸或细羊毛短袜。
- 黑色漆皮浅口系带鞋。无带浅口有跟皮鞋则适用于更加正式的场合。

▶ 不拘一格

男性晚礼服还可以基于日装的样式，并通过面料和纱线的创新来设计出恰当的款式。

男性晚礼服的三大设计准则

如今，根据不同的场合和个人审美趣向，从传统的塔士多礼服配浅口系带鞋、白色领结，到简单的黑色山羊绒外套搭配剪裁合体的休闲西裤，男性晚礼服的类型正向多样化发展。虽然一些持传统消费观的消费者认为晚礼服是女性的专属，但也有消费者认为男性时装应该更加具有表现力和不拘一格的特点。所以在设计男性晚礼服时，要注意以下几点准则。

1 选择你能驾驭的服装样式

除少数追求时尚的男士外，大多数男士还是习惯穿着比较传统的服装样式。剪裁恰当的夹克、衬衫和裤子是男装的重要组成元素。你所选择的制作工艺、对尺寸比例的设计以及对服装的细节处理等，都会反映出你的目标客户群的审美趣向，同时也能表现出整个服装的制作意图。

2 重视细节设计

服装结构和细节的设计可以反映出其功能性。虽然男装的样式都比较传统，但通过特殊面料的运用、细节处理以及装饰搭配等设计，都能够使一件普通的男装成为晚礼服。那么如何进行款式、面料和细节上的处理才能使你的服装从众多的日间常服中脱颖而出，成为客户在晚宴等场合的服饰宠儿呢？同女性晚礼服一样，男性晚礼服同样要给各位男士带来与白天的着装完全不同的体验。

3 创新礼服样式

晚礼服设计通常忽视性别的差异，而重点体现服装的极致美。女性期望通过晚礼服独特的造型、闪亮的色彩、精致的面料和合身的剪裁展示出与白天的自己完全不一样的魅力；男性亦是如此。为了展示极致的个性特征，男性在参加很多创意盛典时都会穿着别具一格的晚礼服，电影盛会奥斯卡颁奖典礼就是最好的证明。比如，有些明星会选择深色粗斜纹布剪裁的礼服式夹克搭配纯棉细斜纹布工装裤和白色帆布运动鞋，这种混搭也可以成为一种流行风尚。

备忘录：创作优秀的男性晚礼服作品集

- 是否运用了传统的方式设计晚礼服？
- 是否考虑了男性对日间和晚间着装的不同需求？
- 作品集是否体现了男性对别具特色的晚礼服需求的扩大？
- 是否以男性偏爱的传统样式作为设计基准？
- 是否通过独特的面料和细节等处理设计出了引人注目的晚礼服？
- 面料是否适合制作晚礼服？
- 除了以传统方式进行设计，是否还在作品集中展示了独特的创作手法？

定位作品集

童装

在过去的10年中，市场对于童装的需求急剧增长，这一过去经常被设计界忽视的服装类型也有了较快的发展。

- 童装设计的关键
- 创作成功的童装作品集

虽然传统的审美趣向曾主导了消费市场，但如今的童装设计却充满了创新性和多样性。童装设计师可谓是设计师队伍中一个特别的群体，从设计方法、样式、服装颜色、比例到细节，他们都有自己独到的见解。他们是一群充满童趣的人，会将所有新奇的想法应用到服装的设计中去；他们了解什么样的设计能吸引小孩子，同时通过细节设计得到父母和孩子的一致认可；他们了解怎样的色彩搭配能够得到孩子的青睐，同时懂得如何设计出具有特色的造型和新奇的款式。

成功的童装设计师还要掌握儿童成长发育等方面的一些基本常识，这样有助于他们设计整个服装结构，满足不同的穿着需求和选择恰当的面料（面料要耐磨）。另外，童装设计还要符合一定的安全规定。生产童装的公司对童装的安全问题会有很严格的规定，比如那些容易被儿童扯掉或吞下的服装拉链、配饰等，都要符合相关的设计要求。

很多童装设计师在学校的专业是女装设计，但在学习的过程中，他们逐渐发现了童装设计这个具有创造性的新奇领域。童装设计会更注重多样的色彩搭配、细节设计以及对服装主题的表现；而在造型比例上的设计就要根据儿童的年龄以及性别等因素来进行了。

▲ 时尚婴孩

人们越来越注重设计的创新性和具有个人风格的服装产品。婴儿服市场发展势头迅猛，很多设计师也不断地设计出迎合父母追求新奇需求的服装。上图的设计不单单追求实用性，而融合了醒目的黑色圆点图案和富有戏剧效果的褶裥边饰。

◀ 大胆醒目的设计

为了突出孩子幽默可爱的特征，童装要在色彩、面料质地、服装比例和设计细节上都追求活泼、动感的效果。图中，围巾运用了醒目的拼色搭配，衬衫采用了多变的线条样式，再加上有趣的面料纹理设计，使整个设计看起来既充满活力，又不失轻松、活泼。

▶ 其他风格的影响作用

虽然可以将成人服装设计的样式或主题运用到童装设计中，但仍要使色彩搭配、服装大小比例和细节设计等符合儿童观者的品位。

关键的设计分类

　　如果你准备进军童装市场，那就要关注以下三个童装种类，并从年龄和审美趣向上分析它们之间的不同点和相似点，这些都有助于你进行设计。比如，婴儿服最适合用哪种颜色？哪些设计能够出现在为一到三岁的孩子准备的服装中，哪些是不允许出现的？不同的设计主题是如何对应不同的童装种类和性别差异的？孩子的发育对设计过程有何影响？哪个年龄段的孩子开始有购买选择权？在设计以下三种童装类型时，以上这些问题都是需要考虑到的。

零到一岁

　　这一阶段是指婴儿从出生到一岁左右的时间（就是学走路前的这一时期）。这一阶段婴儿的头部大约占到整个身体大小的四分之一，所以服装的套头部分一定要方便婴儿穿脱。这一时期服装换洗的频率比较高，同时还要考虑设计细节上的安全问题。尺码一般分为3、6、9、12和18个月大小的，或是小、中、大和加大号。设计还要符合父母的审美品位；通常，柔和的色彩、柔软的面料和简洁的款式比较受欢迎。另外，消费者还倾向于购买那些能从色彩上体现婴儿性别的服装。

一到三岁

　　这一阶段指幼儿从学步到三岁左右的这段时期。由于这期间儿童"无秩序、混乱"的生活状态（另外身体的发育使得孩子容易吐食），服装的面料一定要耐洗。尺码一般分为2T、3T和4T，字母"T"代表"Toddler"，也就是"蹒跚学步者"的意思。另外，为了和下一个阶段的童装类型进行区分，这里的数字通常也代表孩子的年龄。

三到六岁

　　很多设计专业的学生比较喜欢设计三到六岁这一年龄阶段的童装。这一阶段儿童的身材比例与前面两种类型有很大不同：首先身高明显增高，头部占整个身体的比例也相应增加，并开始有微微的小肚子。这一阶段的儿童对世界充满了求知欲，他们以单纯的心境和好奇的眼光探索着未知的世界。虽然性别差异仍是这一阶段童装设计的基础，但和过去相比，这方面的界限已经变得非常模糊。比如，条纹和图案的整体布局设计为男女通用。美国品牌Gap在童装方面有着自己独特的设计：公司将成人服装的面料和廓型按照儿童的身材比例进行设计。女孩的尺码是4、5、6和6X，男孩尺码是4、5、6和7，这些数字一般和年龄对应。其他常见的尺码标准还有修身款、常规款和宽松款。

童装发展趋势

和所有的设计领域一样，童装设计师也要时刻关注市场的流行趋势。社会压力、流行文化的影响、身材的变化以及对最新流行服饰的追捧，这些不但会影响孩子的购买需求，也会对家长产生一定的影响。

还有一些自然的流行趋势，比如"波点"设计或对某一特别色彩的追捧，当然也包括消费者的一些个人选择行为。比如，持久性面料和有机棉受到成人的青睐，很多具有环保意识的家长可能在购买儿童服装时也会选择类似的面料。婴儿服市场也是如此，家长会为了孩子的健康而选择购买相对环保、天然的服装。

很多服装杂志都会对当下和未来童装市场的流行趋势进行分析，包括《Earnshaw's》、《Vogue Bambini》、《Moda Barnbini》和《Teen Vogue》（从青少年市场分析童装市场）等杂志。每当有新一季产品在欧美市场推出时，这些杂志就会紧随其后出版。与女装和男装不同，童装一般是从欧洲奢侈品牌设计中提取设计元素。

为了预测市场的变化，可以对一些零售商店进行考察，看看其他竞争者的设计是什么样的？哪些设计受欢迎，而哪些不受欢迎？青少年市场和青年市场的服装款式分别是什么样子的？如果儿童比较喜欢大哥哥、大姐姐类的装束，那就要把7号~14号和8号~20号的服装在尺寸大小、色彩和细节上做出更改，以迎合市场需求。但是，这些流行趋势是否能真正融入你的设计取决于你的消费者是否有意愿调整他们的审美趣向和尝试新概念。所以，在设计童装作品集时，有些系列要体现传统市场对其的影响，而有些系列则要符合年轻一代的审美品位。

主题灵感来源

设计师通常会从服装细节、主题和整体的款式概念入手满足女装市场精致优雅的审美品位；相比之下，童装设计则会选取更加鲜明易懂的主题设计元素。受流行文化比如连环画或具有民族特色名人的影响，很多设计师通过独特的创新思维，设计出了既能体现儿童顽皮天真的特征但在整体上又高度协调一致的童装款式。

童装的特色服饰类型

婴儿服
婴儿服全套用品包括裹婴服、短袖连衫裤或连体衣、尿布包裤、连衣裙、应季户外服、T恤、针织夹克、针织棉衫。

学步服
连身服和分体衣、短袖连衫裤、吊带裤和衬衫。

日装
外套、夹克、衬衫、修身样式、牛仔服、针织夹克、T恤、泳衣、连衫裤。

裙装
宴会服、连身服、女式连衫裤、休闲礼服。

睡服和内衣
女式睡衣、睡衣、衬衫式长睡衣、睡袍、针织类内衣、内衣。

户外服
用于正式场合的外套、休闲外套、休闲夹克、冬季风衣、儿童防雪装、雨衣。

◀ **小小少年**
很多童装品牌依照青少年服装市场的流行趋势进行童装设计。服装的整体廓型、色彩、图案甚至是配饰，都使儿童看起来更像他们的哥哥姐姐！但是要注意一点：童装的设计理念要体现儿童的特征。

创作优秀的童装作品集

虽然在创作童装作品集时要遵循设计上的一些基本规则，但也要有一些独特的设计特点。从作品应如何体现不同年龄儿童的需求、作品设计所运用的概念，到如何使设计符合家长的需求，这些都要在作品集的创作中予以考虑。

▼ **相反个性的呈现**
下图融合了克劳德·莫奈（Claude Monet）艺术作品中的柔美特质和布鲁斯·瑙曼（Bruce Nauman）具有现代感的霓虹灯浮雕元素，使画面呈现出强烈的对比效果；从左边棉布上柔美的褶裥边饰和色彩设计，过渡到右边合成发光面料上的霓虹色彩款式，从侧面反映了穿着者相反的个性。

1 布局

水平布局最符合童装作品集的设计。整个页面布局要考虑到人物比例的大小，以表达出所有隐含的设计信息。

2 基础调研

作品集设计的主题要新奇、有趣，适合儿童。可以从历史戏剧服装或具有民族特色的服饰中寻找灵感，也可以运用儿童文学中的概念或流行文化中的元素，比如卡通画和电影人物等。所有的主题应用要符合情景，并带有细节刻画，而且要反映出原作品中的相关信息。设计成人服装时，设计师可以通过深化概念与主题元素从而展现不一样的设计理念，但是童装设计师所运用的概念则要更加直接、简单、易懂。

3 展示

面试时需要同时展示手稿册和作品集。因为童装设计在很大程度上是通过服装效果图来展示的，所以

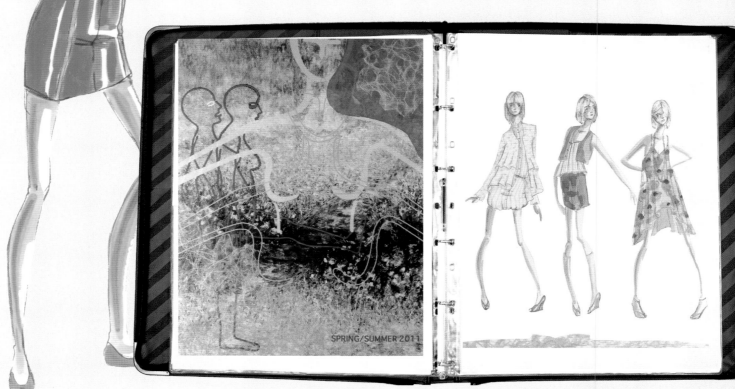

SPRING/SUMMER 2011

你要尽量通过作品集传达出整个设计过程。虽然人物动态造形图能加强视觉效果，但详细的效果图不但能显示你作品中的细节设计，而且能体现出你从学生成长为设计师这一过程的转变。

4 分类

作品集中要展示不同年龄段的童装设计。虽然在今后的工作中你可能会有自己专攻的童装设计领域，但是多样化的设计可以体现你的创新性和全面性，同时也可以反映出无论你为哪个品牌工作，你都将是一名工作积极的员工。另外，即使是为特定年龄段的儿童设计，你也要创作各种不同的主题；采用多样化色彩搭配和面料，比如粗斜纹布服装和宴会服；而且除了在作品集中创作适合男女通用的款式外，还要分别设计女款童装和男款童装。

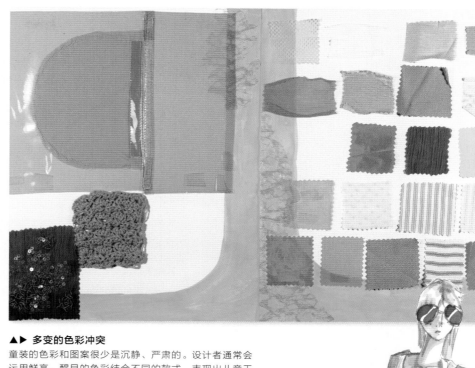

▲▶ 多变的色彩冲突
童装的色彩和图案很少是沉静、严肃的。设计者通常会运用鲜亮、醒目的色彩结合不同的款式，表现出儿童天真、活泼的特点。

常见的童装面料工艺

- 条纹
- 印花针织
- 花式纱线和宽松针织面料
- 网眼棉布
- 印染的编织条纹
- 小规模的印花
- 花式印花（也叫双向印花，比如汽车、卡通人物）
- 刺绣
- 粗斜纹布和条纹布
- 纯棉斜纹布
- 毛圈棉织物、羊毛织物和其他一些密度大的织物
- 染织的条纹棉布、马德拉斯布和方格花纹
- 丝印花图案

童装可以是

耐洗的

简单制作的

粗斜纹布和条纹布的

针织的

有织纹的

棉布的

注重细节的

色彩鲜艳的

安全的

带有流行文化色彩的

具有戏剧效果、简单明了的

天马行空的

印花的

动感活泼的

俏皮的

童装不应该是

干洗面料的

制作考究的

正式的

不合身或面料不舒适的

不便于穿脱的

极简的

色彩单一的

黑色的

有大面积的印花图案的

沉闷乏味的

严肃、晦涩的

雕塑般廓型的

概念化的

色调伤感的

前卫的

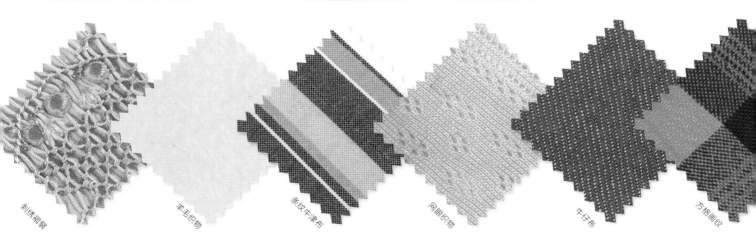

刺绣褶裥　　羊毛织物　　条纹牛津布　　网眼织物　　牛仔布　　方格画纹

备忘录：创作优秀的童装作品集

- 是否了解儿童在不同成长发育阶段的特征？
- 作品主题是否足够新奇、梦幻？

- 样式是否都基本相似？是否所有的设计细节都体现在了既定的样式中？
- 设计是否符合年轻人市场的需求，同时具有多样化的色彩搭配？

- 面料是否大多采用了耐洗的棉布？
- 是否包括了多样化的色彩且避免了黑色？是否符合一般家长的审美需求？

- 在效果图中是否通过人物不同的姿势和神态体现了设计对象不同的年龄特征？

童装选择的依据

童装通常反映了父母的审美趣向，在一定程度上也体现了全球的关注热点。随着全球对耐用型和环保型面料关注度的提高，这些流行于成人服装市场上的面料也同样得到了童装市场的追捧和认可。

定位作品集

青少年服装

青少年服装作品集使设计师可以最大化地发挥想象力，进行以市场为导向的服装设计。

随着青少年群体消费能力的增强，他们越来越渴望在服装设计领域找到属于自己的那片"青春乐园"。青少年群体代表了一个特殊的消费市场，此时的他们不再向父母的时尚理念妥协，而是以自己的穿着喜好作为购买服装的标准。流行文化和同龄人对他们有着很大的影响力，同时也使他们逐步形成自己的审美趣向。青少年眼中的"时尚"可能很快就成为过时的东西，为了在同龄人的团体中获得认同感，他们将时装作为一种视觉化了的标志以体现对各自团队的忠诚。他们对于时装的态度是苛刻的，而且只认可处于时尚最前沿的那些东西，这一切都使得青少年服装市场更加地多变。

过渡阶段

青少年时装的市场定位及相应的消费审美处于童装和成人装之间的一个过渡阶段。刚刚进入青春期的少年仍保留了孩童阶段的审美趣向，对于那些适合儿童的明快色彩和具有强烈质感的面料依然有所偏爱。但与此同时，他们急于摆脱父母束缚、彰显个性的欲望也表露无遗。在这一阶段，他们开始去探索发现世界，他们偏爱童装的色彩，但又对成人时装的样式情有独钟。小女孩渴望变成时尚的大女孩，小男孩也开始盼望拥有属于自己的"男人装"。两性不同的社团文化差异和同龄人潜移默化的影响在很大程度上影响了他们对服饰的选择，原因很简单：每一个人都期望得到各自"圈内人"的认同。

◄▲ 青少年服装的过渡特点

青少年服装有两大特点：它们具有童装的多变色彩和逐渐走向成熟的样式。在设计青少年服装作品集时，选择耐洗和较便宜的面料是保证设计获得成功的关键。

备忘录： 创作优秀的青少年服装作品集

- 是否已经认识到青少年消费能力的影响力？
- 作品集中是否兼具青少年偏爱的亮丽色彩和质地感强烈的面料？

- 是否了解到青少年这一社会群体的重要地位？
- 是否能及时满足多变的青少年服装市场的需求？

- 作品是否能获得青少年和成人市场的双重认可？
- 是否对服装的尺码进行了考虑？

- 作品集中的面料样本价格是否便宜？
- 青少年是否能通过穿着你的设计获得身份认同感？

设计中需要考虑的因素

虽然青少年服装设计中有很多元素都来自于成人世界，但由于青少年这一群体的多变性，设计师必须时刻关注对其有着深刻影响的流行文化。在设计过程中，要注意青少年服装市场以下几点特征：

新尺寸

初中女生的身形不断向成年女性发展：翘起的臀部、纤细的腰部和浑圆的胸部，这些都是设计时要考虑的因素。可以根据成年女性的体型来设计服装款式等，只是在服装的大小比例上要比成人的小一些，尺寸分为3、5、7、9和13。

快时尚

青少年是市场上一股新兴的消费力量，他们把购物当成是一种与朋友进行社交的娱乐活动。这种带有娱乐性目的的消费观，以及他们对新衣服的强烈需求，使得那些不断更新的时装产品更受到市场的追捧。这种对"快时尚"的追求和青少年有限的消费水平使那些较廉价的面料更受欢迎，而且青少年也不太在意面料的耐磨性。消费者不断变化的时尚口味以及对潮流的追捧，造就了青少年服装市场层出不穷的新商品。

寻求身份认同

不论年龄大小，大多数消费者都希望通过穿着来表明身份。另外，穿着也能体现他们的人生抱负等价值观，这一点在青少年消费市场中更明显。这些青少年是大学社团的拉拉队队长呢，还是不关心时尚的书呆子？是特立独行的朋克迷，还是循规蹈矩的社团成员？你只需要去看看1985年的电影《早餐俱乐部》（Breakfast Club），就可以知道青少年是如何通过敞开心扉来获得更大的交际圈了。随着各种媒介的扩张，消费者对个人独特身份的追求，以及各种团体的复杂性越来越强，设计师必须高度关注青少年消费者的个性特征，以创作出满足他们需求的时装设计。

▶ 未来女性成长记
高雅的色彩、精致的面料和完美的廓型设计，使这系列设计有一种自信、成熟的风格。因为青少年服装市场经常受到成人服装的影响，所以在设计时要格外考虑如何使这些服装更加符合青少年的审美需求。

定位作品集

专业运动服

随着新科技的发展、流行趋势的转变以及运动员对专业服装的需求，专业运动服的设计也在不断演化、更新。从Nike、Adidas这样拥有大众市场的运动品牌，到像斯特拉·麦卡特尼（Stella McCartney）和山本耀司这样的高端设计师设计的品牌，专业运动服满足了客户对不同价位运动服的需求。

- 科技进步的重要性
- 如何整合统一专业运动服作品集

在像加布里埃尔·可可·夏奈尔（Gabrielle "Coco" Chanel, 1883-1971）等杰出人物出现之前，人们进行体育运动时，比如打乒乓球、游泳、打猎等，穿的服装都是根据日装样式及其面料裁剪而成的。比起服装的实用性能，人们更看重其端庄性，同时也要符合社会主流的审美要求。比如，在海边度假时要穿厚重的黑色或海军蓝羊毛套装和长袜，只允许裸露极少的身体部分，这样既不能使人们感到舒适、凉快，而且过重的服装减小了浮力，从而增加了人们在海里游泳的危险性。

20世纪20年代，各种体育运动开始在中产阶级中流行起来（这一时期女性也获得了更多的独立权，从严苛的社会规范中解放出来），设计师也开始为女性设计适合运动的服装。夏奈尔女士将过去只用来制作男性内衣的面料运用到女性运动衫的设计中，这也是当代运动装发展的关键一步；另外，针织面料也被更广泛地运用到运动衫的设计中。1920年网球运动员勒内·拉科斯特（René Lacoste）设计了风靡世界的Polo运动衫（鳄鱼品牌由此诞生）；1935年和1959年法国Dupont公司分别将尼龙和氨纶加入运动面料中；另外，世界顶级户外品牌Patagonia开创了从有机棉花和生羊毛中提取环保材料进行运动服设计的先河（1993年又发明了从丢弃的塑料苏打水瓶中提取服装材料的方法）。

日新月异的面料科技

如今，运动服在设计和面料科技上的发展可谓是势头正猛。可以抵挡紫外线并防水的焊缝式面料，能够控制气味的纤维，可以通过体温变化而改变色彩的面料，甚至是"隐形"的kameraflage技术 [使

◀ **逝去的年代**
与20世纪那些厚重的羊毛套装不同，现在的运动服最大化地体现了服装的高性能。过去笨重的泳衣已经被运用高科技面料及制作工艺制作的新型泳衣所取代，新型泳衣在一系列的赛事以及奥运会上正发挥着重要的作用。

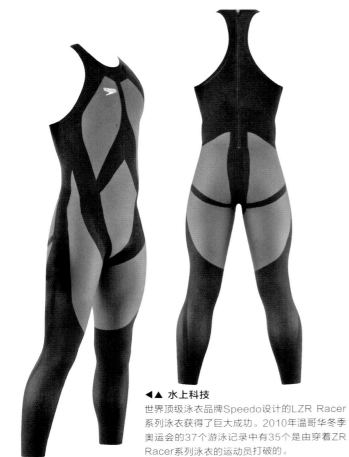

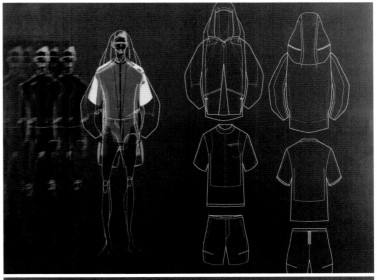

▲▲ 水上科技

世界顶级泳衣品牌Speedo设计的LZR Racer
系列泳衣获得了巨大成功。2010年温哥华冬季
奥运会的37个游泳记录中有35个是由穿着ZR
Racer系列泳衣的运动员打破的。

用kameraflage技术，你就能在T恤、影片和告示牌上留下只有通过
数码相机才看到的隐密信息。这种的技术由萨拉·卢格（Sarah
Logie）和科诺尔·迪基（Connor Dickie）开发，其原理是使用了人眼
看不到、但很容易被数码相机中的硅片捕捉到的颜色]也开始被运用
到服装设计上。另外，运用电脑科技的面料制作技术也正呈现出新的发
展态势，未来它还会给世人带来怎样的惊喜，让我们拭目以待吧！

专业运动服是一个全球性的高利润产业，它将专业运动服带入日
常服装的流行趋势中。普通人穿着专业运动服代表了一种团队精神，
一种文化理念，可以让人们在运动中找到归属感。虽然专业运动服在
设计时仍然强调舒适性和服装性能，但服装的颜色和徽章等细节同样
能体现团队精神并让穿着者获得认同感。

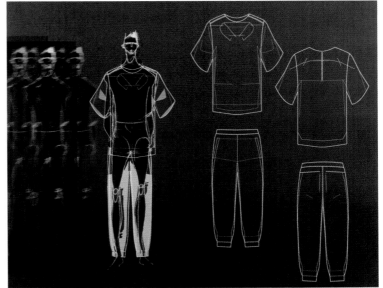

▲ 做好产品展示

上图的款式设计中展示了专业运动装的创新技术。作品集
中的艺术指导能使你在展示设计才能的同时传达出整个设
计的风格。

备忘录：创作优秀的专业运动服作品集

- 是否在设计中体现了面料在科技上
  的创新？

- 是否在设计中强调了运动服所体现
  的团队认同感？

- 是否考虑到了服装的舒适性？

- 作品集中的设计是否针对某一个特
  别运动项目或活动？

- 作品是否兼具科技创新和令人耳目
  一新的设计？

- 是否运用色彩及色彩位置的变化来
  突出整个设计？

- 你是否亲身验证了你所设计的服装
  的性能？

- 是否对作品集中运动服的外观、性
  能及用途做出了评估？

专业运动服的六大特征

专业运动服有自己特殊的设计规范及审美趣向，在创作作品集时要考虑以下几点因素。

1 舒适性

作为运动服的第一特征，舒适性是运动服设计获得商业成功的关键。无论你是为足球运动员设计比赛服，还是设计时尚的滑雪服，客户都希望你将其设计成与他们平常穿着不同的服装类型。面料的选择、服装的合体性、各关节弯曲处的设计，以及对身体发热部位的处理，这些都是要考虑的因素。如果你的设计不能让客户感到舒适或是限制了他们的活动，那么他们是不会购买你的产品的。

2 实用性

运动服要满足特定体育活动对于服装的需求。传统的运动服设计倾向于满足很多不同种类的运动对于服装的需求。而当今的运动服设计则更注重各个运动项目的不同特点，注意满足不同运动对服装的个性化需求。设计师要对运动员进行采访，以了解他们的各种分解动作，并选择适当的面料和廓型，从而提高服装的性能。专业运动服设计师不仅仅是一名时装设计师，他还必须要对生理学、人体工程学和运动项目本身都有所了解。

3 技术性

要在面料中运用能够排除身体产生的湿气的化学元素，保证服装的透气性，而且要运用各种创新的材料提高服装的性能。为满足未来市场的需求，设计师要将不断发展的新型面料和先进的制作工艺运用到运动服设计中。从三维扫描人体设计，到减轻服装重量的焊缝设计，这些新科技都会极大地提高专业运动服的性能。

▶ **动感的图案设计**
这款不对称的图形加上醒目的文字设计给人充满动感与活力的感受。在设计运动服时，要用醒目的色彩吸引人们的注意力，并着重强调你想要突出的身体部位。

▼ **美观的设计**
对当下的运动狂热爱好者来说，运动服不仅要满足实用性的需求，也要满足美观性的需求。很多运动品牌都为满足消费者多样的审美需求而研发了新产品，Chanel和North Face这样的大品牌亦不例外。

4 多彩性

纯色给你的视觉体验是怎样的？如果是带有生动色彩的图形，你的视觉体验又会有怎样的改变？在创作设计时，设计师要考虑各种色彩所产生的视觉效果。运动服尤其要使用图形色彩来表现整个服装的特点，展现穿着者的活力，而不是纯色的服装所带来的那种松弛感。很多设计师利用运动过程中的分解动作来作为衣服上图案的形状，从而突出了服装的动感。

5 试验性

鉴于专业运动服自身的特殊用途，大部分设

▶ 奥林匹克舞曲

这件缝有金属饰片的泳衣体现了消费者对运动服较高的审美需求。虽然实用性仍是专业运动服的重要特征，但设计师也同样要创作出具有观赏性的设计。

计师都会实际参与到将要为其设计运动服的运动项目中。通过亲身体验，设计师可以更好地了解穿着者需求、掌握服装廓型和面料的信息、了解磨损是如何出现的等细节问题，这样就能更好地进行接下来的作品设计了。亲身体验也可以使设计师更好地了解整个运动过程前后的一系列环节，从而设计出更多小配饰，以达到辅助运动的目的。总之，这种带

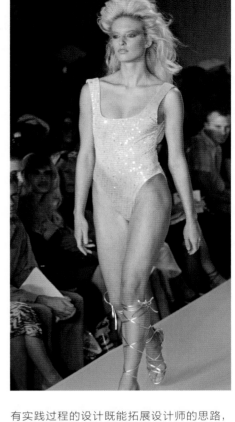

有实践过程的设计既能拓展设计师的思路，也能满足不断变化着的市场需求。

6 针对性

据统计，75%的泳衣购买者并没有真正穿着它们下水，这说明对很多消费者来说，专业运动服的样式和质感比性能更重要。作为时装设计师，作品的实用性和观赏性都能得到认可是一件非常令人兴奋的事。所以在设计作品时，要考虑消费者的购买目的，他们是期望得到一件镶有珠宝的小羊皮比基尼泳衣以便在聚会上展示，还是为了在比赛中夺冠而购买一件高科技面料的潜水服呢？

◀ 从专业到休闲的过渡

虽然运动员要参加专业训练，但他们同时也拥有休闲时间，他们需要那种可以根据场合而变换功能的专业运动服。所以在设计服装时，设计师既要考虑服装的运动性能，同时也要在外形图案等方面进行多样化设计，使其更加贴近生活。

定位作品集

针织服装

几乎所有的作品集和设计系列中都会包含针织类服装，并且在价格、设计风格、审美趣向和季节款式等方面都能满足不同客户群的不同需求。

- 针织服装设计的关键
- 如何设计有竞争力的针织服装作品集

要想设计出畅销的服装系列，对针织类服装的设计尤为关键。由于针织类服装结构及面料的特点，它既可以剪裁出和薄绸一样的悬垂感，也能剪裁出像羊毛华达呢一样的挺括感，甚至还可以当成外套穿着。无论是在纱线的测量、面料的选取方面，还是在针法和设计技巧的应用方面，针织类服装的设计向来以它的理念性和创新性被视为时装设计中最高水平的代表。

由于针织服装面料的复杂性以及其设计款式的多样性，那些既精通技术工艺又兼具设计才能的设计师是非常受欢迎的。你的设计作品集必须要展示出你在设计方面的才能及知识，而针织类服装的设计正是你发挥才能的大好机会。

针织服装：多变的设计类型

在创作作品集时，针织服装系列的设计既要突出整个设计的独特性，同时也要重点体现穿着的舒适性。比起其他类型的服装，针织类服装既能设计成修身的迷你型款式，也能设计成宽松、舒适的廓型，所以针织服装经常被当成主要作品系列的补充。尤其是当设计师需要变换整个设计的主题或色彩时，通常都会选用针织服装作为备选项。另外，有些品牌也会将针织类服装作为品牌形象和设计重点，比如TSE和Missoni。

▼▶ 针织服装设计软件
很多设计师运用计算机辅助设计软件来完善并实践设计想法。计算机技术使得这种具有复杂工艺、针法，而且色彩多变的设计作品有机会成为市场的主流产品。

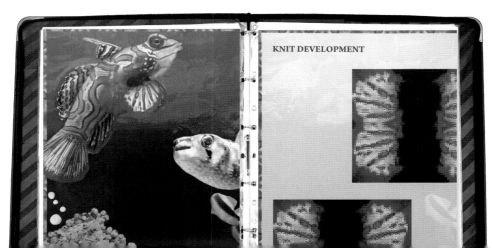

KNIT DEVELOPMENT

针织服装的主要特征

创作针织服装作品集时要注意以下几点。

1 展示真实的样品

用实实在在的针织面料来表现对编织、针法等工艺技巧的运用。

2 运用手工针织和机织工艺

通过手工针织设计和机织设计来展现服装精湛的制作工艺。运用各种方法生产针织品服装的经验不仅体现了设计师的工艺技巧水平，而且也表明了设计师在针织服装制作工艺上的兴趣和热忱。

3 设计辅助性作品集

如果你在制作针织面料方面有精湛的技巧，同时致力于设计针织类服装，那么在面试时你最好再准备一本有关针织面料样品的作品集。虽然作品集已经展示了你详细的创作过程，但面料样本集可以反映出你在针织工艺技巧方面的才能和创新性。

4 深入探究针织面料

不要以为只有那些厚重的羊毛外套才是针织服装！针织面料有各种不同的种类、重量、样式、材质等，而且有各种细节设计。针织面料用途广泛，可以用来制作镶嵌了珠子或带刺绣的山羊绒针织晚装，或是借助高科技制成可根据人体体温而改变颜色的服装，也可以从针织麂皮灯芯绒中提取材料制成饰品。

▲ **令人意想不到的可能性**

针织面料有着广阔的发展空间，图中这条轻盈、飘逸、透明的连衣裙就是用针织面料制作的。不断研究开发这种极具可塑性的面料，能极大地丰富你的设计作品。

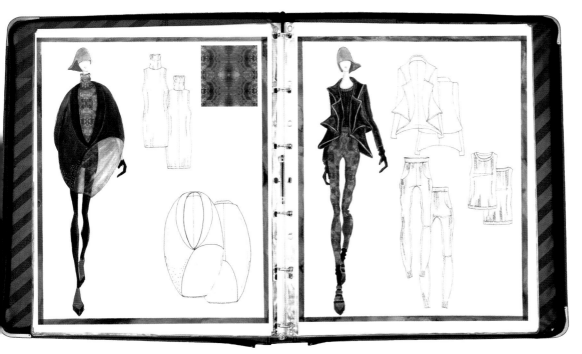

备忘录： 创作优秀的针织服装作品集

· 是否全面展示了针织面料的多样性特征？

· 是否提高了自己在针织类服装设计上的创作工艺和设计技巧？（可以将本书P154~P155的针织术语添加到你的针织服装系列作品集中。）

· 作品集中对针织类服装的设计是否兼具手工针织样本和机织样本？

· 是否准备了包含面料样本的辅助性作品集？

· 是否对不同重量和种类的针织面料进行了分析？

· 是否对针织类配饰和服装都进行了深入研究？

定位作品集
婚纱

婚礼是女人一生中最重要的时刻之一，为新娘设计婚纱可以算是设计师一次非常特别的经历了。如今，越来越多的新娘希望穿上独具个人魅力的婚纱，所以作品集中的设计一定要满足新娘的这种需求。

- 婚纱设计的特殊要求
- 设计一款极具魅力的婚纱作品

▶ 重视独特性

如今，越来越多的新娘都渴望在婚礼当天能够穿上彰显个人魅力的婚纱。所以婚纱设计一定要通过面料选取、细节处理、服装长度、衣裙样式和组合套装等来体现消费者不同的审美趣向，并满足不同的婚礼氛围。

作为一个永不过时的时装设计领域，婚纱设计没有国籍、年龄和文化的差别。婚纱以及在婚礼派对上穿着的礼服都要给人一种眼前一亮、耳目一新的感觉。虽然新娘只会穿几个小时的婚纱，但是这一情感体验将是她们一生难忘的。所以，不论是面料、廓型、配饰还是其整体的设计风格等，都要满足客户的需求。

与传统的女性日装不同，婚纱设计追求的不是混搭风格，也不是为了让消费者体验"一站式"购物的便捷。婚纱是一种独一无二的服装类型，是那些有名望的设计师展现其基本审美趣向的一种设计。无论是享誉全球的婚纱大师王薇薇（Vera Wang）设计的款式多样、手法多变的婚纱，还是高级时装品牌Chanel作为每场秀结尾部分的婚纱，目标客户群和价格定位都是婚纱设计中必须要考虑的基本因素。值得注意的是，正是由于市场对价格适中，而且人们易于接受的婚纱有着大量的需求，因此像J.Crew和Ann Taylor这样的时装品牌进驻婚纱市场才能获得成功。有些设计师甚至根本不单独设计婚纱款式，他们只是将那些用白色面料设计好的晚礼服剪裁成客户需要的婚纱样式。

◀ 服装细节设计

在这么重要的场合所穿的服装值得用最精良的工艺和面料制作。设计师要对服装结构有深刻的认知，这样才能设计出可以当成传家宝传承给下一代的定制婚纱。

▼ 轻松的浪漫主义风格

如今，婚纱样式和流行时装款式的差别正日渐缩小，然而
消费者却更加期望购买到那些能彰显其个人高端、独特品
位的婚纱。图中这款婚纱样式简单朴实，运用了女式套装
的廓型（鞘型女装），传达出一种轻松但又不失浪漫气息
的感觉，迎合了现代消费者的需求。

婚纱市场的几大特征

设计婚纱时要牢记以下几点。

设计的创新性和梦幻感最重要

婚纱以及婚礼本身强调的是一种文化传承的象征性意义，所以比起实用性，人们更看重它的创新性。新娘都希望在婚礼当天向所有宾客展现与平时完全不一样的自己，这已经成为婚礼的重要组成部分。所以设计师要在服装廓型、配饰、面料选择以及舒适度上进行最缜密的设计。

学习内在的设计技巧

婚纱及配套的服装需要很多细节设计。就像设计其他服装一样，只有了解各个部分的制作工艺，才能从整体上对服装的廓型有一个清晰的认识。设计技术水平在复杂的服装设计过程中是至关重要的，设计师首先要对服装结构有深刻的认识，这样才能运用技术实现效果。作为一名设计专业的学生，为了设计出更好的作品，必须不断学习服装结构方面的知识和相关的工艺技巧。

跳出传统的"范围"

并不是所有新娘都喜欢传统的白色丝质婚纱。很多设计师将婚纱与晚装的设计搭配在一起，并试图通过改良晚装的款式和廓型以适合婚纱市场的需求。纳西索·罗德里格斯（Narciso Rodriguez）颠覆了我们对传统婚纱的看法，他为小约翰·肯尼迪（John F Kennedy）的新婚妻子卡洛琳·B·肯尼迪（Cardyn Besset-te）设计的婚礼礼服备受世人瞩目。同样的天才还有约翰·加利亚诺，他为格温·史蒂芬尼（Gwen Stefani）设计的底边染红的婚纱让

我们看到了一个设计师在色彩运用上的高超技法。

重视婚纱礼服的设计

如今，新娘在婚礼上需要不止一套婚纱。正式行礼后，她们会在婚礼派对上穿一套相对随意简单的礼服。这样的设计不仅展示了你对整个设计市场的了解，也表达了你个人在设计上的一些见解和审美趣向。在为年龄比较大的新娘设计婚纱时，可以选择舒适度更强、色彩相对成熟、面料相对厚重，同时廓型不太暴露的服装样式。

与客户多沟通

整个设计过程都要与客户保持密切的沟通，这样能更好地满足其对设计的要求。在设计过程中，每一个细节设计、整体布局、面料种类的改动，甚至是廓型的变动，都要和客户进行沟通。一旦双方就各方面的问题达成了一致，那么之后要做的就是在细节上进行反复修改。与客户进行上述沟通时，既会有愉悦的时刻，同时也具有挑战性，重要的是要用设计的创新点吸引客户。

设计婚礼嘉宾服装

作为婚纱设计师，还要为婚礼的其他一些嘉宾设计服装，比如伴郎、伴娘，以及新娘母亲的全套装束。与婚纱相比，这些服装的设计是比较简单的，但一定要确保其与新娘的装束相匹配。通常可以为婚礼嘉宾准备几套不同的服装款式。

◀ 全套服装设计
必须要对婚礼嘉宾的服装，尤其是伴娘、伴郎的服装进行慎重考虑。运用你所有的设计技巧使整个婚礼和谐统一，同时要时刻突出新娘的魅力。

▶ 试穿造就完美婚纱

对于高级婚纱时装品牌来说，通过让新娘反复试穿以确保婚纱的合体性是不太容易实现的。一般来说，都是在婚礼举行前几周让新娘开始进行试穿，然后再对不合适的地方进行修改，以达到完美效果。

广阔的就业前景

婚纱设计可以让你在任何你想去的地方工作。很多时装品牌都需要以纽约、巴黎、米兰这样的时装之都为资源支撑；而对婚纱设计师来说，只要有新娘的地方，就有他们的市场。另外，与日装不同，婚纱设计并不需要太多种类的面料，设计师一次性库存的面料能够使用很多年。而且，设计师也不需要为了追赶潮流而在服装色彩和面料搭配上花费太多心思。

▼ 善用服装之间的关联

由于不同服装类型设计之间的关联性，因此婚纱作品集也包括在派对晚宴上穿着的晚礼服系列。一般来说，很多设计师通过不同的塑型剪裁，可以将晚礼服设计成婚纱，或是将婚纱改成一般的晚礼服。

备忘录： 创作完美的婚纱作品集

- 是否考虑了包括面料、廓型和配饰等婚纱设计的细节问题？
- 设计的创新性是否大于实用性？

- 是否展示了复杂的设计工艺和制作技巧？
- 是否能将作品集中的晚礼服剪裁成婚纱？

- 设计是否能满足再婚女性的需求？
- 作品集中是否表明了自己将与新娘共同探讨以完成设计工作的决心？

- 是否准备设计婚礼其他嘉宾的服装，比如伴娘的服装？如果是，也要在作品集中有所体现。

定位作品集

配饰

作为服装设计领域增长规模最大的一个产业，配饰设计受到了设计师和消费者双方前所未有的关注。作为一名设计师，要在设计作品集中展示不同种类、具有不同用途的配饰产品，同时，在配饰设计中也要体现出熟练的工艺技巧。

- 配饰设计师要具备的关键技能
- 如何创作配饰作品集

现在，每家时装公司都通过配饰来丰富其新产品的种类，并满足客户日益增长的需求。配饰作品集的创作与一般服装作品集的创作差别不大。设计者可以根据服装的廓型、面料、色彩，以及服装的种类，比如职业装、休闲服、晚装或运动服等，来进行配饰设计，所有的考虑都要针对既定的目标客户群。虽然配饰设计中的"季节性"没有服装设计中的那么明显，但很多设计师还是会以"季节"作为不同设计系列的一个参考标准，尤其是那些紧跟流行趋势的设计。

配饰设计具有极强的雕塑感并带有人体工程学特征，同时需要专业的立体表现形式。配饰的种类很多，包括鞋子、帽子、包，以及其他一些小型皮革制品。另外，配饰作品集还需要织物设计工艺、电脑技术的支撑，以展示设计工艺的技巧，对蜡型铸件或五金器具的设计和图形样本制作，都能阐明整个产品设计的过程。只把重点放在客户的需求上，而忽略作品集的内部结构是设计配饰作品集时需要避免的一点。即使你只想成为高级时装品牌的鞋子设计师，但如果你只是单纯地展

▼ 城市牧场

不论是服装设计，还是配饰设计，很重要的一点就是要了解整个设计的情境。设计师可以通过对色彩和面料的搭配，反映出设计主题以及设计师期望服装所呈现出的生活理念，从而保证作品的一致性和独特性。另外，还要时刻牢记自己区别于其他设计师的特点。

配饰设计的技巧和要求

一个有志于从事配饰设计的设要从以下几方面努力：

- 了解过去和当下的流行趋势
- 了解服装设计的历史
- 了解配饰设计
- 了解设计观念的发展
- 学会应用数字技术，比如Photos（图像处理软件）和Illustrator（软件）
- 掌握服装设计草图和设计知识
- 掌握织物及其表面纹理的设计方
- 了解服装市场营销和广告策略
- 了解服装样衣设计知识
- 掌握服装结构制作工艺
- 熟悉各种原材料

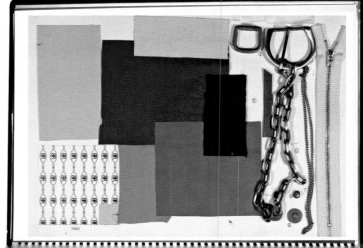

备忘录：　创作优秀的配饰作品集

- 设计能否体现全面的创作才能？
- 是否有扎实的立体效果图创作能力？
- 是否运用了Photoshop和Illustrator等设计软件设计作品集？

- 是否全面了解了市场对配饰品的需求定位？
- 设计是否满足不同价位的需求？

- 是否对配饰的流行趋势有良好的市场定位？
- 是否在设计中展示了其他一些具有创新性的技能？

- 是否运用了不同的设计方法来进行配饰创作？
- 配饰设计是否兼具了装饰性和实用性？

示创新性的产品或是通过多样化的产品来体现自己的审美趣向，也只能证明你很会迎合市场需求，而并不能完全证明你的配饰设计能力。

创作生动的作品集

设计配饰时，要广泛地运用面料、造型及一些五金小器件等材料进行创作。尤其是那些金属小器件，每一步的细节设计都要谨慎小心。另外，除了皮革制品，其他材料的运用也很重要，比如一些不常用的元素，像木头、塑料、珠子、刺绣、棉布或针织品，这些都可以应用在配饰上。你只要看一看运动用品店提供的琳琅满目的商品就知道可以用来制作配饰的材料是多么广泛了。你可以结合配饰设计未来的发展趋势和消费者的需求将这些元素运用到作品集创作中，从而形成完整的作品集。

配饰设计可以从装饰性角度出发（比如珠宝），有的则是出于实用价值的考虑（比如双肩背包），或是两种目的兼备，比如很多高端的鞋袜品牌就采用了这种配饰设计思路。作品集中的配饰设计一方面体现了设计师的设计才能，另一方面也展示了设计师本人对市场的理解能力。

优秀的配饰设计师所要具备的品质

虽然配饰设计师和服装设计师有一定的共同点，但要想成为一名成功的配饰设计师还要兼具以下品质：

- 对细节设计和工程学有独到的眼光
- 精通三维立体设计
- 能从人体工程学角度进行配饰设计并熟知产品用途
- 精通CAD制图（电脑辅助制图技术）
- 了解市场和销售方面的准则
- 兼具良好的团队合作精神和领导才能
- 具有分析客户群相关信息并锁定个别客户需求的能力
- 了解配饰设计市场信息和配饰品的流行趋势
- 卓越的创新性和革新性
- 了解配饰品的生产运作及在全球市场的份额
- 设计满足各价位需求的配饰品
- 兼具高水平的视觉审美和口头表达能力以呈现最完整的设计概念

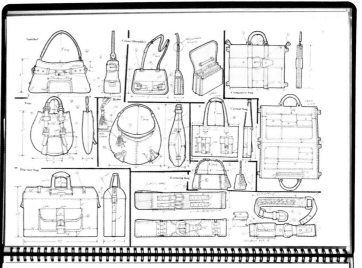

进军职场

校园生活在很大程度上是自由的，而进入职场后则要服从公司的管理和上司的调遣，这种转变一开始一定会让你感到不适。但同时，你也会在这个过程中形成很多战略性的规划并积累丰富的工作经验，这些对今后的工作都是非常有帮助的。

或许你生命中最重要的时刻之一就是当你正式踏入职场，成为一名年轻设计师的那天。自此，你要将之前学习到的所有知识和专业技能应用到实际工作中去，并开始在工作舞台上大展拳脚了。为了使从学校到职场的转型更加成功，你要对职业市场进行调研，对自己也要有更加深入的认识，并且以自信的姿态迎接新工作。对于很多毕业生来说，高中和大学期间从事的暑期工作锻炼了他们的职业水准，培养了他们的责任感，并使其懂得如何与团队合作。另外，在不同公司的实习经历也让一些毕业生了解到不同的企业文化，从而积累了在服装设计上的经验。

即便你一心想要成为服装设计师，你也会发现各服装公司的企业文化就如同设计作品类型一样多种多样。在不同公司工作的经验可以帮助你明确你究竟最有可能在这个行业哪一类型的设计中获得成功。

实习与面试
准备阶段

- 准备好简历和求职信
- 拟一份自己心仪公司的名单

时装设计是竞争非常激烈的行业，得到一份实习机会或是找到第一份工作需要很多时间，因此一定要努力并富有坚持不懈的精神。

你最好在本科阶段多进行几次实习，这些实习可以只是暑期实习，也可以持续几个学期。你可以通过以下渠道获取实习机会，包括:

- 学校的就业指导中心
- 你的老师
- 在线时装产业和时装公司网站
- 同学、同事、家人和朋友

Teal blue double face silk charmeuse top with large front pleat.

Black Kangaroo leather cigarette pant.

Charcoal gray cashmere double layer curved coat with gray silk charmeuse lining.

Gray hand knit lamb wool and mohair mixed oversize bobble sweater.

Charcoal gray lacquered wool wide square leg pants with sculpted pockets.

Black lamb leather cropped jacket with over the shoulder curved panels and quilted collar and side panels.

Light gray lamb leather hooded vest with curved front opening lined in light gray merino wool.

Dark gray wool jersey top with curved seaming and pleat details on side hem and sleeves.

Black double layer silk gazar skirt with volumized pleat details on hem lined in sateen silk organza.

Light gray lacquered wool day-dress with raglan sleeve and curved panels.

Blue Iris mink vest with mixed sheared and long hair curved pieces.

Matt silver sequins race-back tank with circle metal buttons on center back opening.

Light gray lacquered wool cropped pant with curved hem and curved sculpted pockets.

Black and white textured wool-cashmere coat with black lamb leather panel in front and back and one-piece sleeve.

Black and teal blue double face silk charmeuse dress with curved continous seamings form front to back and oversize over the shoulder silk sateen collar.

Silver sequins and silk brocade mixed panel fitted dress and open back detail.

Blue Iris mink coat with mixed sheared and long hair curved pieces lined in matt silver silk charmeuse.

心仪公司名单

开始找工作之前，先确定好你心仪公司的名单并将其分类整理，这样既可以节省时间，同时也能对求职起到规划作用。不少公司都有着类似的审美趣向和客户基础。这样一份名单有助于你集中选择具有未来职业发展的工作，而不仅仅是随便一份差事。在拟定公司名单时，应思考以下问题。

1 你职业规划的三个最高目标是什么？

（比如，未来五年内拥有自己的品牌；或是为一个有名气的欧洲设计师工作）

2 你最喜爱的七位设计师是谁？对于他们每个人，你最喜欢和最不喜欢的分别是什么？

3 与三个最高职业目标相关联的事物中，你最喜欢和最不喜欢的分别是什么？

4 对选出的七位设计师进行分类

你选出的七位设计师是你的"最佳雇主"名单。之后，要至少再选出两组有潜力的名单，组成备选的公司名单。要配合第二步和第三步进行这次的挑选。在完成以上步骤后，重新关注所列的名单，以确保在求职时这些公司是你的第一选择。

◀ **产品目录**

简历以及附在其后的产品目录可以给面试官留下深刻的印象。产品目录既可以用来反映整个设计系列的主题，也可以是一些能体现你审美趣向的图片。

实习工作的种类很多。像在Banana Republic和Tommy Hilfiger这样的大公司里，你可能会在女式针织衫或男装纺织部门实习；而在像Thakoon和Chris Benz这种规模小一点的公司，你可能会参与整个产品的设计，进行一些打板或立裁工作，当然也包括其他一些繁杂的琐事！

在学生阶段尽可能多地进行不同种类的实习，它可以帮助你确定哪种设计公司的企业氛围更适合你将来的发展。

写简历

现在有很多指导如何写简历的书籍，它们在简历样式上确实给求职者提供了很多帮助。然而求职者要记住，最好的简历一定要能在面试时起到好的作用。你可能认为如果自己之前没有做过一些正式的工作，那简历就没什么好写的，其实不然。简历可以很好地体现你在学校的表现，以及你所拥有的专业技能：如果你的平均分达到了3.5，这可能就是你需要让面试官了解的信息；如果你做过兼职设计师，那么这就体现了你进入服装领域的决心并拥有成为设计师所需的专业知识。

按照正规格式完成个人简历，并尽量在简历中凸显自身的优势，不论是在学历、职业、技能还是工作意向等方面。完成简历后，最好寻求一些有经验的前辈的意见，以便使其更加完善。即便不认识这样的人，也不要紧，网上有很多类似的付费服务可以帮助你修改简历！

与你认识的每一个人交换意见

寻找工作机会会有各种渠道，最好的方法就是告诉你认识的每一个人你寻找工作的目标，包括家人、朋友、同学、老师等。让别人了解到你的需要，如果他们了解设计行业，你可以询问他们是否愿意帮你引荐；如果他们不愿意，也要有礼貌地回谢对方，并开始寻找下一个目标。

如果他们可以为你提供帮助，首先要对其表示感谢并提供他所需要的信息。如果他们说，"给我一份你的简历，我会拿给某某看一下"，那你就要写一封有针对性的求职信，然后电邮给你的朋友。记住，一定要感谢你的朋友为你和你的潜在雇主建立的联系。

备忘录：寻找面试机会

· 在本科期间是否有过至少一次的实习经历？

· 实习是否帮助你确定了未来工作的方向？

· 是否明确了自己的三个最高目标？

· 是否已经选好七位最喜爱的设计师？

· 是否列举了三组心仪公司的名单？

· 简历是否包括了你所有的专业技能和取得的成绩？

· 是否针对不同公司的特点完善了求职信？

· 你在面试时的口头表达能力是否过关？

· 在寻找面试机会的过程中你是否足够积极并拥有持之以恒的决心？

写求职信

虽然简历中包含了你的学习成绩、专业技巧，以及其他招聘公司所需的信息，但在申请职位时求职信仍是必不可少的。在撰写求职信时，以下两点要铭记于心：

- **阅读者注意力持续的时间**
- **职位描述的关键词**

公司招聘人员会用30秒到3分钟不等的时间去阅读你的简历，这就是他注意力持续的维度，而且他具体会用多少时间去研究你的简历取决于他一天要阅读多少份简历。求职信的目的就是让公司有意愿给你一个参加面试的机会。一份成功的求职信具备以下几点特征：

1 简洁
每一段两到三句话，整封求职信不超过五大段。同时，要多使用项目列表法，它能用更少的空间传递更多的信息。

2 重点突出
如果职位描述中标注了"有较强的绘制款式图和效果图的能力"，那就要确保你的求职信中也要出现这些关键词，并说明你是在何处并如何获得这些技巧和工艺的。

3 指向明确
绝对不要以"某某公司人力资源部或某某先生／女士，您好"作为开头。要确保你的求职信寄给一个具体负责人。通过网络，你可以找到该具体的负责人，不论其是人力资源部的主管还是设计部的副总。求职信一定要在检查无误后再寄出！

如果联系人用一种很模糊的方式回答你，比如"下次我见到某某的时候会向他提起你的"，那么你就要在一两天后主动通过电子邮件提醒他引荐你。当然，你不能确保联系人是否在为你跟进此事，但你仍然要对他的帮助表示感谢。

持之以恒

即使是在经济最繁荣的时期，服装行业的竞争也是异常激烈的。在得到一次面试机会之前，上面所提到的那些步骤你可能会重复做上好几个月，但要记住：坚持就是胜利！因为这是你想要的工作，你已经为此付出了四年的艰苦努力。要时刻明确你的长期目标，并为之不断奋斗。

职位列表：公开的和隐蔽的

通常，职位列表分为以下两大类。

公开的职位
搜索一些与时装领域相关的在线网站或报纸期刊，比如，FashionJob、StyleCareer和Fashion.net这三个网址。你可以在这些资源的求职版块搜寻招聘信息。通常，职位会刊登在各企业的网站上，而不是在一般的求职版面上。《Women's Wear Daily》（wwd.com）就是刊登服装行业新闻的权威杂志，这一刊物经常会刊登各类求职信息。

隐蔽的职位
当然，很多职位的招聘信息是无法通过一般的网上搜索获取的，有的甚至根本就不会刊登。有些职位是因为公司员工升职、辞职或是岗位再分配而有所空缺。要想了解这些空缺的信息，就要搜索行业网站或刊物的新闻版面。另外，要"眼观六路，耳听八方"。如果你无意听说你朋友的朋友在某家公司做设计，而恰巧最近又升职或跳槽了，那你马上就要考虑给那家公司的人力资源部主管寄一封求职信了。

实习与面试

面试阶段

- 学习如何准备面试
- 学习一些有助于面试的技巧

想要在面试中取得成功需要遵守下面几条简单的规则，这样不但能展现你的实力，同时能使你的表现更加专业，从而成为受欢迎的求职者。

很多求职者认为阅读公司的职位描述信息就能全面了解公司的情况了。这种想法是错误的，可能会让你在面试中显得准备不充分。你可以通过以下渠道进一步了解公司情况：网络，类似《Women's Wear Daily》这样的权威时尚杂志，以及了解这个行业或这个公司的朋友、老师和相熟的人。搜取更多、更深层次的公司信息能使面试官对你有更深刻的印象——他们会认为你对要应聘的职位有着严肃而认真的态度。

对提问有备而来

你可以通过很多渠道了解面试中最常出现的问题，以及最不易回答的问题，要提前准备这些问题。你可以写下这些问题的答案，面对着镜子大声读出来；更好的方法是和你的朋友一起做"角色扮演"，预演整个面试过程。这样能让你的表现更自然、专业、自信，而不是在照本宣科。

如何对公司进行调研

面试前要根据以下几点对公司情况做好调研。

1 公司的主要优势和弱势。

2 该公司在市场竞争中所处的位置。

3 公司的最新动向和最新产品发布情况。

4 公司的企业文化（通常可以从公司网站的整体风格中感受到）。

5 最近三年内公司的发展情况。

备忘录：造就成功的面试

- 面试前是否对公司做了调研？
- 是否对面试中的一般性提问有所准备？

- 是否预演了面试过程？
- 是否安排好了行车路线和时间以便准时参加面试？

- 是否注意到自己的仪表、言语表达、肢体语言等细节？
- 在整个面试过程中表现是否诚实？

- 态度是否积极、热情？
- 面试后是否写了感谢信？

面试礼节

大部分面试都遵循一个基本的流程，在面试时尽量将以下要点铭记于心。

学会闲谈

闲谈是重要的开场白，能起到缓和紧张气氛的作用，也能表现出你的交际能力。同时，由于注意力都在谈话中，因此也可以让你感到放松。你可以聊聊天气或是行业中最近发生的大事，夸奖一下办公环境，或是评论一下最新的产品。要让谈话显得自然，让人感觉到你积极向上的态度。

使面试官感到轻松

要明白紧张的不只你一个。面对新人，面试官自己也不轻松，所以要尽可能地让面试官放松。这种很友好的交流方式也能让你放松下来，同时你也可以借此掌控局面。

证明你适合此职位

简历已经让面试官对你的能力有所了解了。在面试中，他要确认两件事：一是你简历中的陈述是否属实；二是如果你成为团队的一员，你是否能从全局出发为公司效力。

善用面部表情、言语表达和肢体语言

在面试过程中，面试官会关注三方面的内容：你的外貌、用词和表现。在开始的10秒钟，大家就会对你的表现有一个总体印象。从接待人员到设计主管，所有这些人你都要特别关注，他们都会对你的面试结果产生作用，所以要以最尊敬的态度对待每一个人。

保持目光交流

在面试过程中，要和面试官保持眼神交流。如果你是在嘈杂的环境中面试或是面试官一直处于忙碌的状态，那你的面试一定不会太顺利。你要尽量忽略其他干扰因素，把注意力完全集中在面试官身上。

尽量诚实以对

即使是在回答比较有挑战性的问题时，你也要诚实以对，这也是考验你准备得是否充分的大好时机。如果在回答一个很挑战性的问题时，你一直看着面试官并做出诚实的回答，那么就会给他留下深刻的印象。相反，一定不要说谎，欺骗终究是会露出马脚的，因为你的肢体语言、音调的变化、说话的语速或是面试官对你的背景进行的调查，所有这些都是检验你的凭证。

保持积极乐观的态度

要尽量保持积极乐观的态度。比如，当被问及你最近的工作情况时，即便是有一些不好的经历，你也要记住只要说说好的方面就可以了。

成功的个人展示

面试时，要确保以下几点：

1 衣着要整洁、熨烫平整。

2 穿着要符合公司的风格和应征的职位特点。比如，如果你去Gap公司面试，就不要穿Chanel的服装了。

3 准备一些可以闲谈的话题。

4 尽量提早10分钟到达面试地点。

5 如果你迟到了，致歉要尽量简短、真诚，并感谢对方的耐心等待。为了确保在面试过程中不再让面试官想起你迟到这一事实，开始道过歉后就不要再提及此事了。

6 要展现积极的态度。在整个面试过程中，不论是言语上，还是肢体动作上，都要表现得积极乐观。

7 要面带笑容，即使很紧张，也要和面试官保持眼神交流。

8 和每一个被介绍给你的人握手。

9 如果你记不住别人的名字，那么在别人做完自我介绍后，你要重复他的名字，比如，"很高兴见到你，约翰"。

10 对每一个人表示感谢——不只是面试官，对引领你到指定位置进行面试的接待人员、给你倒水的工作人员等，都要表示感谢。

面试后

面试结束后，记得对面试官表示感谢，主动与他们握手，并要面带笑容（注意保持眼神交流）。当天，手写一封感谢信寄给他们，并再次强调你对此职位的兴趣。另外，任何你在面试过程中没有想到的问题，也可以写在感谢信里。这既能体现你对职位的强烈兴趣，也可以和面试官有更多的交流，从而使你从众多的竞争者中脱颖而出。

如果一周后你还没有得到公司的任何答复，那就要联系面试官咨询应征的相关进程，或询问他们是否还需要你提供别的相关的材料。最好是能直接和面试官进行沟通。如果情况需要，可以主动给面试官电话留言，但要确保在留言的开头和结尾都明确地说明了你的姓名和电话，语速要慢，以便面试官可以记下你的电话。

接下来，如果你还是没有收到任何回音，就耐心等候吧，不要再打电话过去确认。他们一定有各种无法回复你的理由，如果你不停地打电话询问，他们就会认为你过于心急。

营造良好的
工作环境

- **如何在工作中出人头地**
- **建立良好的合作关系**

除了专业才能和积极的工作态度外，学会如何营造良好的工作环境也是事业成功的关键。

同他人合作

当今的职场呈现出来的并不总是一种合作的、相互信任的氛围。所以，不论是从短期还是从长期考虑，你都要专注于自己的目标，以便在这个弱肉强食的环境中保护自己的利益。以下几点是你在工作中应该做到的。

1 展现良好的性格

要时刻对人热心、友好。人们通常记不住你的好，但对于你犯的每一个错，他们却都记得很清楚。对同事要态度和善，对他们的帮助要表示感谢，而且，不要议论同事、上级或助手的缺点。利用电子邮件时，也要注意时刻保持积极、恭敬、专业的态度。

2 学会解读肢体语言

同面试一样，肢体语言往往比语言本身更能体现当时的环境氛围，所以在日常的工作中，要注意观察别人的肢体语言。每次和你谈话时，你的老板都会双臂环抱么？如果是，这表示他觉得有种被侵犯的感觉。或者你的同事看似很友好，但却很少和你有眼神交流？这表示他的

友好带有欺骗性。在解读肢体语言的过程中，你能更了解对方的真实想法。认清这一点后，你就懂得如何去回应不同的人了，这可以很好地缓解紧张的氛围，或是让你的老板放心：你并没有觊觎他的职位。

3 重视礼节的作用

第一次和他人见面时，要记住对方的名字，但更重要的是明白应该如何称呼对方。20年前，不论是对同事还是上级，我们通常称呼"某某先生或某某小姐"。而现在，在非常职业的工作环境中，我们都会直接称呼别人的名字，但有两种情况除外。

职场生存黄金法则

不论你做什么工作，或是正处于事业的何种位置，都要对身边的每一个人表现出恭敬、关怀和礼貌的态度，不要议论是非、在背后说三道四或是对同事不敬。服装设计虽然已经是全球化了的行业，但同时也是一个相对保守的领域。那些你曾在事业起步阶段伤害过的人，说不定将来在某些方面就能决定你事业的成功与否。

备忘录： 良好的办公室礼节

- 是否以职业目标为导向从事工作？
- 自始至终是否都彬彬有礼？
- 是否关注了同事的肢体语言？
- 是否以恰当的方式对同事作出评价？
- 是否避免了办公室流言？

- 工作中是否对他人采取积极或至少是中立的态度？
- 你是否以自己期望受到的礼遇去对待他人了？
- 是否对同事都表现出一视同仁的恭敬态度？

一是别人介绍时说的就是"某某先生或某某小姐"（而且没有做出任何更正），那么你也就称呼其为先生或小姐好了，除非他／她主动提出可以叫他／她的名字。二是不要称呼别人的绰号，除非是他们自己要求的。任何不礼貌的做法都可能会毁了你的人际关系，也可能会让你失去成功的机会。

4 不要背后议人是非

不管是何种岗位、何种公司和何种行业，每个人都在议论别人。作为一个新来的员工，你也一定会被卷入这场"没有硝烟的战争"。你要确保自己对每一位同事都能保持或中立或积极的评价。如果你在背后对别人说三道四，总有一天别人也会对你"以其人之道，还治其人之身"的。很多时候，别人听到的言论并不是你当初所说的那些。所以，在别人议论时保持缄默，是避免同事间误会的最好方法。

两条同他人相处的法则

与其他行业一样，服装设计领域同样有其在工作中应该遵从的两条法则。

1 以自己期望受到的礼遇去对待他人，要时刻记住"己所不欲，勿施于人"。

2 不要把那些你不希望别人看到的内容写下来。

以上这些法则帮助了很多有可能陷入工作危机的人。不幸的是，有很多没有遵守这些法则的人大多造成了事业上无法挽回的损失。

迈入时装业

服装设计包含了时尚行业每一个领域的多种技能。将那些在各自不同的领域里看起来毫无关联的因素组合应用到服装设计中，恰恰能使每一季的产品设计产生令人意想不到的效果。

时装就是在以下将要介绍的几种职业的共同作用下产生的。

首席设计师 / 设计总监

首席设计师或设计总监是整个设计室中地位最高的人。很多公司，像Donna Karan，担任此角色的就是设计师卡兰小姐本人；但对其他一些公司来说，首席设计师 / 设计总监可能就是公司的创建者了。作为设计创作的领导者，首席设计师及设计总监需要决定下一季服装的风格和设计方向。他们会和整个设计团队交换意见，指导整个设计过程，以确保设计的有序进行。在那些非常大的企业，这一等级的人员还包括管理设计部门的副总经理和副总裁。首席设计师或设计总监还需要向公司的股东和首席执行官汇报工作情况。

设计师

设计师是创新作品设计灵感的主力军。他们在团队中的主要工作是最先提出设计灵感、设计概念，选定面料和色彩，进行大量市场调研，搜集流行趋势信息，最终向设计总监提出有商业价值的设计系列。在设计总监通过最终方案前，所有设计的大小事务全由设计师们负责完成。虽然设计是一个强调灵感的工作，但即便在像J.Crew和Abercrombie&Fitch这样的大公司里，设计师也要遵从一些职位比他们高的人的意见去设计每一季的服装。

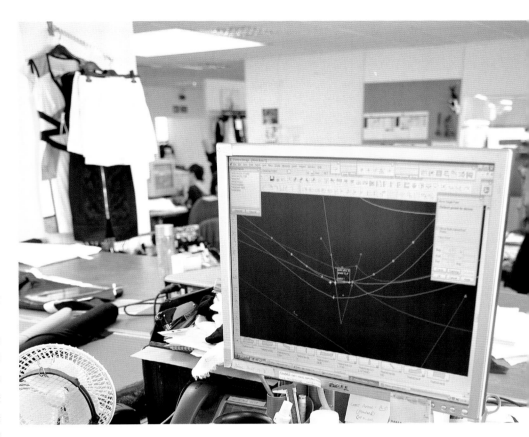

设计助理

　　作为设计行业的初级职位，设计助理要完成设计师交给他们的所有工作。在大公司里，设计助理的工作可能包括：影印资料、行政类工作、根据要求选择面料并进行剪裁、绘制平面图、完善风格样板、开展市场调研、完成样板间工作任务等，并确保所有事务的有序进行。在小一点的公司里，由于设计团队人员关系比较亲密，而且资历等级之间的界限也相对模糊，因此设计助理的职责主要包括：设计作品，选取面料，提出设计意见，去国际性的工厂做调研，参加诸如法国第一视觉面料博览会（Premiere Vision）之类的展会，图案印花设计，以及其他一些面料研究工作等。通常，设计助理要在这一岗位上锻炼一到三年才有机会晋升。

计算机操作员 / 设计师（计算机辅助设计人员）

　　这类人员的工作形式包括两种：一种是和设计团队一起工作，进行针织设计、条纹布局等数码设计；另一种是对设计工作进行技术上的指导和监督。他们可以是设计团队的一员，也可以是产品在生产、发布或进入工厂制作阶段的外聘人员。他们的工作通常包括：制作矢量款式图及效果图、印染和织物设计、与图案等相关的其他平面设计，以及为产品设计包装等工作。

面料搜集与研发人员

　　对一些设计工作室来说，面料的搜集和研发是要耗费很多人力、财力的。虽然很多设计公司都是从外部寻求面料来源，但有些设计团队会为了找到能代表品牌的专属面料而专门建立独立的面料研发部门。除了开发面料，这个部门的人员还要负责各种辅料的搜集和选购，并按时将各种研发成果传达到各个工厂。在产品发布当季，他们要造访工厂以确认面料的生产情况，然后根据设计师的要求寻找到符合的面料并谈妥价格。另外，他们还要同工厂商讨下一季的时尚流行趋势。对那些从外面寻找面料来源的设计公司来说，不同的面料供应商在各地都会有代理人，这些代理人可以根据设计师的要求提供当下流行的各种面料。

销售代表

　　销售代表的职责是向买家提供设计产品。作为公司的代表，他们不仅要有出色的销售技巧，还要能够体现公司的形象。他们会与设计师一起参与整个设计，所以他们能全面了解设计的概念、采用的面料、设计的方向，以及其他与设计有关的信息。另外，在下一季作品发布前，他们可以通过上季度的销售情况，给设计师提供有参考价值的意见，让设计师了解市场的需求。同时，销售代表与很多有实力的买方有着良好的关系，所以他们能在很大程度上影响公司的成败。

产品销售经理

产品销售经理是时装设计经营的无名英雄。当每季产品完成并确定好订单后，他们的工作也就拉开序幕了。首先，他们要确保产品符合市场需求，并对其质量严格把关。他们要监督打板师的工作及各种缝纫细节，准时对面料下单并确保工厂按时交货，在和工厂协商价格的同时，要将配饰等一系列的产品细节问题和工厂做好交接，确保样品质量过关。他们还要检查服装标签无误，并对装箱运输问题做好统筹安排。一名产品销售经理要在各方面达到行业要求的标准，比如对于那种需要两周才能从欧洲运到亚洲工厂进行生产的面料，如果两天前才发现库存不够需要补货，这就显得太不专业了。

打板师 / 立裁师 / 样衣师

在将设计师的灵感变为实实在在的服装时，打板师的付出功不可没。他们不仅要有精湛的制作技能，同时要能牢牢抓住设计师的审美趣向。很多著名的设计公司在创建初期就拥有了属于自己的、技艺高超的设计团队。打板师们精湛的剪裁可以使销售大幅度攀升；相反，技术差的团队也可能会使产品不符合客户需要。立体剪裁团队必须对面料的特性十分了解，只有这样才能用最合适的剪裁、缝纫和打板技术完成服装制作。

时尚买手

这是一项最光彩夺目，同时也最具挑战性的工作。时尚买手经常出入设计师的工作室，他们是各种秀场的座上宾。他们需要预测客户对下一季款式的反应、选定销售款式并给出全面的分析意见，他们的决策关系着商业的成功与否。时尚买手们不但要了解时装，同时也要对客户的心理需求了如指掌，还要能起到文化风向标的作用。他们不能放过事态进展的任何细枝末节，要时刻关注消费市场需求的变化。

零售经理

从诸如美国Macy's和英国Selfridges这样的大百货公司，到一些设计师的高级时装定制店，零售经理的职责是确保每天运营的顺畅，同时还要制定一些长期计划，比如发布新一季的服装、准备设计师新时装的内部展示会、招聘并培训新员工、负责公司产品运营、提交销售报告和销售计划，以及进行店面展示。他们还要确保完成销售业绩，并为新产品的销售做好指导工作。零售经理最重要的一项工作就是提高销售团队的积极性并做好对他们的培训工作，并使他们能够从业绩报表和销售计划获得各种帮助。

销售助理

在零售店工作的销售助理类型多样。但是，作为店铺及其品牌的形象代表，他们都要为客户服务。为了更好地向客户介绍产品，他们必须尽可能多地了解产品信息，比如设计主题、服装结构和细节设计等方面，以及面料清洗的相关知识。在一些设计师的专属时装店里，销售助理为了同客户建立长久的合作关系，通常要建立客户信息档案。每当新产品到货时，他们会把适合不同客户的服装整理好并通知客户来试穿；另外，在客户生日时要送上祝福卡或小礼物；有的销售助理甚至要充当客户的私人造型师。

时尚记者

时尚记者扮演着新闻发言人和时尚评论员的角色，尤其是在时装周期间，他们的作用就更加明显了。作为发言人，他们以大众的视角和设计师探讨流行趋势，同时给人们传递时装领域的资讯；作为评论员，他们对每季的设计作品进行分析，阐述作品是如何展现当今文化的变化趋势的。成功的评论要能够说明设计作品的灵感来源，并将其放在当下的环境中运用流行元素进行剖析。另外，他们要时刻关注未来有可能发生的事情。像《Women's Wear Daily》这种每日更新的行业期刊，就为我们呈现了当下最新的时尚资讯。

时装历史学家

作为服装行业中一个相对较新的发展领域，时装历史研究已经得到了很多前沿机构的高度关注，比如纽约的大都会博物馆（The Metropolitan Museum of Art）和伦敦的维多利亚和阿尔伯特博物馆（the Victoria and Albert Museum）。时装能够反映源远流长的历史文化，所以历史学家有责任通过视觉及文字的方式将这种信息记载下来。通过艺术展览、学术论文以及为设计师写传记等方式，时装历史学家将时装研究看成一项有意义的文化艺术事业。很多人获得了相关专业的研究生文凭，他们通常从事博物馆、美术馆、学术机构或拍卖行的工作，有的人则成为服装研究助理或相关方面的自由撰稿人。

印花／织物／图案设计师

事实上，每一个服装品牌在他们的设计系列中都要运用到印花和图案设计。那些对这两个专业有兴趣的毕业生可以选择在时装设计工作室谋求工作，或是成为销售印花服装的代理商。这项工作需要利用电脑进行辅助设计，要对色彩、环境、产品用途和客户需求有准确、深入的认识。设计师通常也要根据客户的需求来调整整个设计的方向和风格。

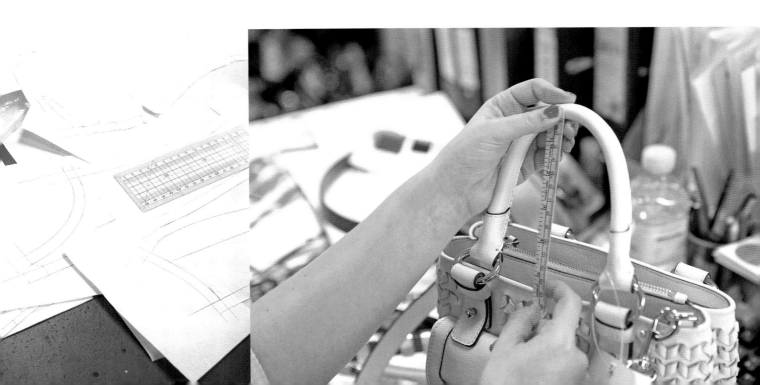

配饰设计师

配饰设计师要从美学和实用价值出发对产品进行设计。有些设计师可能只从事配饰设计，比如马诺洛·伯拉尼克（Manolo Blahnik）和周仰杰（Jimmy Choo）；像Ralph Lauren或Jil Sander这样的大品牌则只是把配饰作为提升服装表现力的一种辅助用品；而像Gucci和Nike这样的公司则把配饰与服装设计放在了同样重要的地位。那些对配饰设计有浓厚兴趣的设计师通常也对工程学和人体工程学感兴趣，他们利用各种原材料进行配饰设计。虽然很多品牌服装的基本样式相似，但通过搭配不同的配饰，不同品牌的产品就有了各自的魅力。

戏服设计师

戏服设计分为两类：电影戏服设计和剧场戏服设计。这两种都需要设计师对服装的色彩、面料和结构有深刻的认识，因为服装上任何一个细微的变动都能反映出人物的性格特点。服装设计可以让人们和穿着者进行无声的交流，这种作用在剧场戏服上体现得尤为明显。戏服设计师不仅要对整个戏剧故事的发展和人物的性格有深刻的认识，而且要熟悉不同历史时期的服装风格、色彩及各种细节元素，这样才能准确把握观众对整个设计的感受。

造型师

造型师创造的是一种视觉效果。不论他们是和设计师一起准备一场动感十足的T台秀，还是为时装杂志进行版面布局，亦或是为时尚名流打造个人公关形象，造型师都能挖掘出时装设计中最令人耳目一新的关键点。造型师通常又被称为时尚编辑、艺术指导、创意总监或购物顾问。像《Vogue》杂志的创意总监格蕾丝·柯丁顿（Grace Coddington）、Helmut Lang公司的造型师梅勒妮·沃迪（Melanie Ward）和Alexander McQueen公司的造型师凯蒂·格兰德（Katie Grand），都成为了造型界的传奇代表人物。造型师的职责就是根据客户需求设计出最令他们满意的效果。

公关人员

所谓公关，就是代表公司与大众沟通的代言人。他们掌控着大众希望获取的信息，并清楚地知道应通过何种方式将公司的信息透露给大众。不论是口头采访，还是书面文件，他们都要保证通过新闻发布会、网站、正式会议、展览、慈善拍卖会或是时装演出等形式发布给大众的内容是准确无误的。他们的最终目标是使品牌获得大众的关注，得到正面的媒体报道，并为公司做好短期及长期的公关计划。作为公司的代言人，公关人员要时刻把公司的最好形象展示给大众。为了使品牌获得关注，公关人员更要有开朗的个性和坚持不懈的工作态度。

流行趋势预测人员

作为各种时装信息的集大成者，流行趋势预

测人员不但具有相关的理论知识，而且对时装有着敏锐的感知能力，对流行趋势有着独特的第六感。他们必须分析当今世界的文化全景，将本土和全球观念相结合，因为这种文化的连锁反应可能会对消费行为产生影响。他们研究的流行趋势包括很多方面，从色彩、面料、廓型、生活方式、总体设计思路，到当下或未来我们所偏好的各种服装样式。由李·艾迪克特(Li Edelkoort)主持的Trend Union时尚趋势预测机构就受到很多面料厂商、设计师和零售商的青睐，从中他们可以获得更多的设计灵感和设计方向，并以此制定有战略意义的商业计划。

活动策划人员

活动策划人员是自由职业者，通常在产品发布期间为品牌策划时装展。他们的工作主要包括像舞台设计、场地租赁、灯光音响控制等各种承办事宜，室内设计、空间布局以及其他所有大型产品发布会的筹备工作。活动策划在筹备活动期间，可以要求更多的权限，以确保活动的顺利进行。策划时装界的T台秀只是他们工作的一小部分，在各种专业会议、慈善演出、慈善派对、拍卖会、颁奖典礼等活动上都能看到他们的身影。

时尚插画师

虽然以时尚插画作为营销手段的全盛时期已经过去，但人们对时尚插画的追捧大有回潮趋势。时装设计师在样品生产和编辑阶段有可能会请一些插画师对整个设计系列的风格和样式进行上色绘图。另外，这些插画师也会从事一些零散、自由的广告运作以及编辑、指导等工作。

时装摄影师

和时尚插画师一样，时装摄影师把服装设计带入了一个更高的境界。摄影师要听取时尚编辑的意见，但同时也要有自己独特的视角。这份工作竞争激烈，但也有光鲜亮丽的一面，同时收入也非常可观。时装摄影还包括以销售产品为主的编目工作。时装摄影师不但要有高超的摄影技术和独特的审美视角，而且要懂得如何与模特沟通，这样才能拍出最好的作品。

平面设计师

平面设计师的作用无限大，时装界没有哪一个专业比平面设计专业更具创造力。因为要和文字、媒体以及图像打交道，所以平面设计师必须拥有多领域的知识架构。凭借自身对设计原理的深刻认识，如对线条、色彩、形状和构图等知识的理解，他们创作出服装设计的相关附属品，比如产品目录、品牌标志、服装保养说明标签、名片、邀请卡、海报和网页等。他们的工作对公司的品牌形象有着深远的影响，比如Tiffany的经典蓝和Hermès的经典橘黄色，以及Chanel的双C标志和Nike公司的对勾标志等，都是非常经典的平面设计作品。

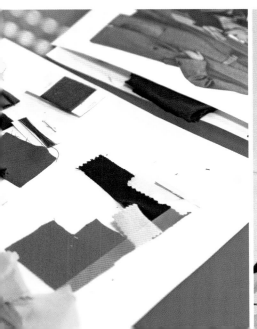

从学生到设计师

丽萨·马约克（Lisa Mayock）和索菲亚·布哈伊（Sophie Buhai）

Vena Cava品牌设计师

丽萨·马约克和索菲亚·布哈伊2003年毕业于纽约帕森斯设计学院，毕业后在纽约时装周上展出了二人共同设计完成的第一个时装系列，之后创建了自己的品牌Vena Cava。2007年和2008年，其作品分别获得美国时装设计协会大奖(CFDA / Vogue Fashion Fund Award) 提名，并于2009年获得该奖项的第二名。她们也为知名品牌Gap和Converse设计过服装。如今，Verna Cava已进驻如Saks Fifth Avenue、Opening Ceremony 和 Bergdorf Goodman这样的顶级零售企业。

从离开学校到进入真正的时装领域，它所带给你最大的惊喜是什么？

丽萨·马约克：最大的惊喜是让我了解到自己究竟学到了多少，毕业后没多久我就意识到我还有太多的东西需要学习！我原认为我对设计已经了如指掌了，比如如何完成一款概念明确的设计、如何阐述我的设计、如何运用效果图表现其结构等等，但我不知道这些设计会在市场中引起何种反应。除了百货公司，我对其他商店一无所知，我对如何创建品牌或是营销也完全没有概念，我只知道自己喜欢的是什么，当然，那就是我最后所创建的品牌。

索菲亚·布哈伊：学会经商！在学校我学习了设计，但我对利润率、销售条件和企业的运营费用完全没有概念。我去学习了一些有关的商务课程，以便对未来要从事的职业有更多了解。我犯过很多错误，所以必须学习如何管理资金。因为我们是白手起家，所以我会特别关注收支平衡这一问题，不但经商这件事开始变得有趣起来，这对我们企业的存亡也至关重要。

回想几年的学习生涯，你是否有遗憾？

丽萨·马约克：我多希望自己在学校时能学到更多有关时装行业的知识。我不得不承认，当时在学校商贸类课上我不是特别专心，我期望学校能开设更多有关服装商务类和服装历史的必修课程。不论是在图书馆学习、参观博物馆，还是调研一些时装店，我都必须花很多的

孟菲斯的实践
Vena Cava的品牌理念是简单实用，这一春/夏系列就受到了20世纪80年代所倡导的孟菲斯设计运动的影响。作为同学，丽萨·马约克和索菲亚·布哈伊从帕森斯设计学院毕业后共同创作了她们的第一套设计系列，并最终创建了自己的品牌Vena Cava。

时间去寻找各种素材和概念。成为一名设计师就意味着你必须了解外面的世界正发生着什么，并时刻提醒自己要怎样做才能做得更好。

对即将毕业的大四学生，你有没有什么建议？

丽萨·马约克：快去找份实习吧！确切地说，多找几份实习吧。没有什么比亲身经历更能了解自己的所需是什么了（或者说，自己不想要的是什么）。如果毕业后你想创建自己的公司，那就先去一到两家小公司实习，然后再去一家大公司实习。完成实习后，你会发现你所经历的和你刚开始所期望的是多么不同。这也可以让你了解到真正的服装业，同时亲身体会到一个设计师每天所要完成的工作是什么。

索菲亚·布哈伊：找准你的风格，明确你不同于他人的审美趣向。你的作品是否有新意？要确保作品能真实反映你的个性。

什么样的设计才是"好设计"？

丽萨·马约克：实用、美观就是好的设计。当你看到它的时候，会有一种"恰到好处"的感觉，或是让你感到震惊、古怪或陌生。有些我喜欢的设计，一开始看时也让我有一种陌生、奇怪的感觉，但事实证明，我就是喜欢那种有新鲜感的设计。

索菲亚·布哈伊：对我来说，耐穿的服装才是好的设计。如果你能够考虑到服装的实用性和独特性，那么你就算是真的开始设计服装了。对我来说，最大的赞美就是一位夫人告诉我，她已经穿我们品牌的一条裙子很多年了。我喜欢设计这种类似"传家宝"的服装，对我来说，这种设计被赋予了更多的感情色彩，有种经久不衰的魅力。

怎样才能完成精彩的设计系列？

丽萨·马约克：要有与众不同的设计。将能真正代表你自己的元素运用到设计系列中，这样才能让设计公司记住你。认真思考自己的审美趣向并把它融入到设计中，试想一下，你是那种习惯循规蹈矩或照本宣科的类型么？还是说你有着令人赞叹的创造力？什么样的设计元素是你所关注的？当我看到一个好的设计系列——在这样的系列中，往往布局展示和设计本身同样出色，我就会认为这是一个有潜力的设计师，因为他懂得关注所有的细节。

拥有自己品牌的最大好处是什么？

丽萨·马约克：最好的同时也是最不好的部分就是，你给你自己当老板。用自己的方法去运作、经营并管理公司是一件让人兴奋同时也很值得的事业，而且那种实现自己梦想的过程非常美妙。但是，没有人指导你如何去做，也让整件事变得困难起来。我们没有投资人，也没有人协助我们，我们必须自己完成所有的工作。当然，这也是让我非常骄傲的地方。但或许有一天，我也会向往那种每天有人分配你任务，做完可以回家休息，不必24小时都在担心工作的生活状态。

最大的挑战或者惊喜是什么？

丽萨·马约克：挑战随时随地都在变化。开始是要得到人们的关注，之后就要想办法让他们一直关注你。尤其是在新品发布的最后阶段，仍旧要让自己处于工作的兴奋状态真的很难。总之一句话：只有自己热爱并对所从事的事业抱有热情，别人才会对你的产品有所关注。只有自己首先对产品满意，顾客才有可能对其满意。

采访

抓住关键

史蒂芬·科尔布（Steven Kolb）

美国时装设计师协会执行理事

作为拥有超过370名杰出服装及配饰设计师的美国时装设计师协会执行理事，史蒂芬·科尔布掌管着美国时装业杰出设计师同行业工会及相关机构的所有运营事务。他负责所有与会员有关的同行业工会活动以及慈善拍卖活动。他和协会委员会主席黛安·冯·弗斯滕伯格（Diane von Furstenberg）共事，并向其汇报工作，这一委员会由27位美国最优秀的设计师组成。

过去五年内时装产业的发展如何？有哪些重要领域发生了转变？原因何在？

时装的范围变得更加广泛。设计师开始从事各种价位、各种风格的服装设计。"时装只关乎设计师"的想法已经不复存在，当今的消费市场和设计师市场都有所增长。我认为科技已经改变了时装界。消费者越来越关注时装和时装设计师，因此设计师的个性和气质显得愈发重要，这些在一定程度上也能代表品牌的形象。如今，早春季（冬春交替季节）和度假季服饰的需求量激增，很多设计师每个月都会给零售商提供新的款式。另外，时装已经成为全球化的产业，设计师必须关注国际市场及不同的市场需求。传统的营销手段已经不能完全满足当今的市场发展需要了，未来的购物趋势是电子商务。

你怎么看待当今的服装设计教育？培养新一代设计师时需要重点关注哪些方面？

不论在哪个领域，教育都是非常重要的。光有想法和独特的视角是不可能成为真正的设计师的。学习服装课程之所以重要，是因为它为学生提供了各种创作的实践机会，并使他们掌握了各种在设计中会用到的工具。学习画草图、缝纫、立裁以及打板等相关知识都是非常有必要的。时装学院需要将课程重点放在教授基础工艺上，当然商业营销类的课程也同样重要。很多设计师都是白手起家创立品牌的，他们需要具备很强的管理能力和相关技巧。另外，学院也要重视对服装历史这部分知识的传授，因为学习前人的那些服装制作工艺和技巧是非常有帮助的。

时装庆典
由超过370名美国优秀设计师组成的美国时装设计师协会，在整个行业范围内倡导了一系列活动，包括每年一次的美国时装设计师大奖，专门为设计专业学生设立的奖学金项目和为优秀青年设计师发展设立的若干相关奖项。

要想进军时装领域，毕业生必须具备怎样的素养？

优秀的毕业生要对自己的未来有所规划，他们要清楚自己想要的是什么，也要知道自己想为谁而工作。自信是最重要的，要相信你自己。但同时也要谦虚谨慎、脚踏实地，一切要慢慢来。另外，要锻炼与他人合作的能力，并学会尊重他人的想法和意见。

服装专业的学生应如何最为有效地利用大学时光？

实习非常重要。学生要利用好实习的机会，不论你做什么，那些和设计师一同工作的经历都会使你学习到很多东西，同时也能让你对这个行业有所了解。要多阅读时尚杂志或期刊，以便了解当下的流行趋势，这样有助于拓宽你的设计视角。在行业活动中做志愿者也可以帮助你拓展人脉，并得到行业发展的第一手资料。

你如何定义一个优秀的设计系列？它需要具备哪些条件？

优秀的设计系列要组织明确、概念清晰、设计简单大方；不要过分修饰，要紧扣主题，而且要能体现设计师的风格。设计系列的呈现形式和内容都非常重要，但不要过分关注形式，要把重点放在内容上，要充分体现作品的完整性。设计系列要呈现的是你最优秀的那些作品，所以要对其进行精心整理，没有人想看到你所有的东西，大家要的是精华。

如何成为优秀的设计师或创建一个成功的品牌？

要有自己的观点和特点。成功的设计师都有自己明确的核心概念，并且会以此来创建自己的品牌。了解你的客户同样重要，因为设计产品最终要被出售，没有商业价值的设计根本谈不上是时装。

将来，服装设计师的作用会有所改变吗？

设计师是灵感的源泉，这一点是不会改变的。我认为所谓的"改变"并不是针对设计师或品牌创立者的，而是产品的生产和销售方式。这也是设计师必须关注到的一点。原材料的种类、环保的生产方式、销售的新方法，以及销售渠道的变化等，都会影响设计的创新性。

全球化的设计

丹·卢宾斯坦（Dan Rubinstein）

《Surface》杂志总编辑

丹·卢宾斯坦是一位设计类作家、编辑、博物馆馆长，同时也是《Surface》杂志的总编辑，以及美国家居杂志《House & Garden》的一员。他为多家报纸杂志撰写专题文章，如《The New York Times Style Magazine》、《Out》、《Architectural Record》、《Slate》等杂志。他所编著的当代美国家居系列主题丛书《The Home Front》最近由曼哈顿艺术与设计博物馆（The Museum of Arts and Design）出版发行。丹·卢宾斯坦现定居纽约，并在那里工作。

过去五年内设计界发生了怎样的改变？原因何在？

我一般会多角度地看待设计：时装、家居、建筑、产品，以及它们之间相互关联的事物，这样可以使我更加关注设计本身，而不仅是最后的成品。在过去五年中，我注意到有很多因素对设计产生了巨大的影响。首先就是全球金融危机（当然，你可以说是经济衰退）对设计的影响，包括最初的创新概念到最终的成品。我刚到《Surface》杂志工作时，公司资金流动量很大，很多设计都大量依赖于新技术或一次性的新型材料。如今我觉得设计师们又重新用回了传统的设计工艺，对材料的使用更加谨慎，也更注重服装的耐磨性。新品牌不再设计那些令人感到震惊的服装，而是以销售为目标。虽然这一做法降低了他们的风险，但消费者会更加注重服装的质量和价格等。所以，只有最优秀的品牌才能屹立不倒。

过去五到七年中设计行业是如何演变发展的？

这很难概括。各种媒介对时装都产生了巨大影响，尤其是数字媒体和电子商务的广泛应用。过去，大多数品牌都将平面广告作为主要销售宣传手段，而网店只占销售份额的一小部分。但现在情况完全不同了，很多品牌都依靠网店突破销售业绩。像电子商务网站Gilt Group每年的营业额就已经突破上亿美元了，其中主要的获利点就集中在对品牌的限时抢购上。不论那些老资历的行业巨头是否愿意承认，这种销售方式已经彻底影响了服装业的发展。最近就有一个叫One Of A Tee的公司，

在网站上销售限量版的短袖T恤衫。这家公司有何特殊之处？那就是你花的钱越多，你就越可能拥有独一无二的衣服。可能全纽约就你一个人穿，全美国就这一件，或是全世界就只有你有这件T恤衫。虽然网站营销才刚起步，但它的作用已经显露出来了。看看iPad如今在市场上的作为你就明白了，它才用了短短两年时间。

全球的设计界有哪些不同点和相似点？

设计全球化正以前所未有的速度向前发展着。尤其是互联网的应用，不但改变了我们沟通和获取信息的方式，也使得电子商务有了突飞猛进的发展。另外，越来越多的学生走出国门，学习各国先进的设计理念。每年都有数以千计的亚洲学生远赴欧洲和美国进行深造。他们中的很多人毕业后就留在当地，但更多人选择回国发展。当然我们也不能忽视欧盟在设计全球化过程中的作用。我们经常在公司里开玩笑："印度尼西亚出生、法国长大、接受英式教育、受布鲁克林文化影响，却要奔波于纽约和东京的设计师们……"，这样的现象越来越普遍。或许你认为全球化会使设计变得更加相似，但事实上，设计师只有不断开发独特的作品才能脱颖而出，尤其是在虚拟的网络空间中。

学生最需要了解的是什么？

他们必须明白自己正处在一种全球化的设计氛围中。很多情况下，只有具有广阔的视野，才能让自己在竞争中脱颖而出，而目光短浅则只会被淘汰出局。

学生应该如何利用大四这一学年？

每一个年轻的设计师都有可能在未来拥有属于他自己的品牌，即使他现在只是在为Gap公司工作。首先，不只是要在大四那年找实习，从一进入大学就要开始为将来的工作建立人脉关系了。要主动索要与你有过接触的人的名片，和每一个认识的人保持联络。另外，在创立自己的品牌前，你要熟知每一个有关产品展示和市场反应的细节，从摄影到公共关系都非常重要。我认为，年轻的设计师最好能到一家大的时装公关公司或杂志社实习。之后，还要考虑去海外继续深造，最好是选择你从来没有去过的国家。要经常和同学或以前的老师在网上讨论平面设计或摄影的问题，这样才能让你的宣传册作品或个人网站更加专业。除此以外，还要设计作品集（一个设计师设计的六到十二件服装，可以完美地进行互换、混合和搭配，从而组合成二十多种不同的造型，这一系列服装就被称为作品集），不要太在意你的每一款设计作品能在时装店或是网店上卖出去几件。你的个人网站就如同名片一样，是让别人欣赏你的渠道。网络的这种全球化使每一个人都有机会成为企业家，所以每一个人都要在毕业前对整个市场有一个深刻了解，并且不断完善设计作品。网络个人空间会永远保存我们的作品。

创新竞技场

作为展示前沿设计的引领者，《Surface》杂志通常会刊登具有创新想法的优秀设计师和年轻设计师的作品。另外，它也刊登一些有特色的建筑和家居设计，从而使读者可以从更广阔的背景下了解当今设计的发展趋势以及整个审美体系的转变。

以设计师为发展方向

马修·艾姆斯（Matthew Ames）

Matthew Ames品牌设计师

2003年从芝加哥艺术学院（The Arts Institute of Chicago）取得艺术学士学位后，马修·艾姆斯先后在比利时为安特卫普先锋设计师尤里奇·佩尔松（Jurgi Persoons），以及在纽约为西班牙设计师米盖尔·阿德罗韦尔（Miguel Adrover）工作过。2004年，他成为第一位入选Hyeres国际时装摄影大赛决赛的美国选手。2005年，他发布了第一套个人设计作品系列，并于2009年获得第八届Ecco Domani时尚基金大奖（Ecco Domani Fashion Foundation Award）。2010年，他入选国际时装设计新星大奖（The Fashion Group Inter national Rising Star Award）决赛，并荣获《Vogue》杂志的美国时装设计师"新锐卫士"称号。

你能为大四的学生提供一些建议吗？

大四这一年要开始以设计师的身份建立自己的设计体系，并了解更多的行业信息。这段时间是你进入职场前惟一一段自由的时间了，不用考虑产品的商业回报率等其他随之而来的各种压力。我建议学生应尽可能地将注意力从当下的流行趋势和其他设计师的作品上移开，更多地关注如何让自己设计出更纯粹、更创新、更令人兴奋的作品。对现在的学生来说，上网查阅当下流行的设计作品非常容易，但对于要成为设计师的学生来说，这一点也是非常危险的。我见过很多学生的作品，他们被太多其他设计师及其设计风格所左右。但真正重要的是问问自己："我究竟为什么要这样设计，难道只是因为看到其他设计师在上一季的作品中也用了这样的方法么？"用更多的时间来关注具体的服装产品，并对其进行分析研究，而不是整天在网上看一些设计作品。另外，我建议学生更多地去利用"老师"这一资源，他们是你学习的最好榜样，他们身上值得学习的东西远比课堂上教授给你的要多得多。

你是如何看待你自己从学生到设计师的这一转变呢？

从芝加哥艺术学院毕业后，我来到纽约为设计师米盖尔·阿德罗韦尔工作。我之前没怎么来过纽约，对整个行业的运作模式也并不了解。当我开始创建自己的品牌时，我才发现这一点正是我的优势。我可以用一种更开放的观念和方式去工作，而不是像其他人一样按部就班地去完成设计。和米盖尔·阿德罗韦尔一起工作的经历

还原设计

这款简单、利落的款式体现出艾姆斯设计中的剪裁，以及其对尺寸比例的把握。这种看似简单实则复杂的服装样式更需要选取高级面料和具备高超的打板工艺。

让我受益匪浅。我带着满脑子的设计想法进入职场，但对时装行业却所知甚少。我们的工作团队不大，这让我可以学习到时装行业中各个不同方面的知识，从设计到产品研发，从销售到市场营销。而且，这也为之后我创建自己的品牌打下了良好的基础。为米盖尔工作之前，我在比利时为安特卫普的先锋设计师尤里奇·佩尔松工作过，这次经历让我对时装有了更全面的认识，可以说是我的转折点，它让我开始关注服装本身，而不单是设计的想法。另外，我和尤里奇·佩尔松也在巴黎工作过一段时间，所以当我来到纽约后，我发现这些经历都让我对整个行业有了更加全面的认识。

你认为时装业将何去何从？原因何在？

整个服装产业正处在转折的重要阶段。我并不认为当今科技所带来的信息即时化、便捷化及高效化能为设计找到一条适合的出路。我希望大家可以认识到这样一种现状，越来越多的设计师从事一些无关紧要的工作，在制作一些作品后，对所有完成的设计部分进行拍照并上传至网络，从而使得消费者有可能在产品上市前六个月就在网上看到过这样的设计了。这种形式导致了款式的模仿复制，并出现质量低下、不受欢迎的产品。市场上从来就不缺粗制滥造的产品，作为顶级高端的设计师，要把心思用在如何设计出让消费者满意的精品服装上。

在你成为设计师的过程中遇到最大的障碍是什么？

我刚开始创建品牌时，把目光放在了巴黎，而非纽约。这个选择对我来说再自然不过了，因为当时我刚在法国Hyeres国际时装摄影大赛上展出了我的作品。一个美国设计师在巴黎展出设计作品在当时来说确实不寻常。人们总是把我定位在一个框框里：欧洲人认为我太美国范儿，而美国人则认为我的作品是属于欧洲风格的。我一直认为我的作品更贴近美式时装，但在当时好像并不符合美式时装的流行趋势。但这些经历都为我提供了足够的时间和空间，让我在没有光环的情况下进一步开发并完善我的设计。之后，我开始在纽约工作并展出我的设计。2009年，我荣获了Ecco Domani 时尚基金大奖，而且我意识到我的转机来了，于是我开始在纽约时装周上发布作品。同时，我也为更广泛的人群设计服装。之后，人们就开始逐渐关注、了解我的作品，我也开始找到了市场定位。

你对自己的创作如何定义？这一过程是如何开展的呢？

每一季的作品都是对上一季作品的延伸和拓展，并不是推出新主题与新概念，而是对原来概念的发展与完善。开始时，我的想法集中在简单利落的款式和几何形构成上，当然，这不仅仅是关注服装的结构，它可能看起来简单，但实际过程却很复杂。接下来，我会将其他因素层层剥掉，为自己的思维腾出创作空间。也就是在这一过程中，我开始建立设计想法。通常，在设计作品时，我都会先对廓型、色彩和面料有一个整体的概念，然后通过立裁和打板来反复实践。

资源

时装大事记

当今全世界已经开始普遍关注服装产业，消费者对时装本身和设计师也都给予了前所未有的关注。

巴黎、米兰、伦敦和纽约独揽时装周的局面已经一去不复返，时装业已经成了全球化的产业。媒体的日益发达，为全世界设计师提供了无限展示自我的机会。

除了发布当季设计作品的T台秀外，参加各种庆典和服装博览会也被加入了设计师的日程表。通过这些活动，设计师们可以预测未来的流行趋势，从厂商那里获得有关上季服装的回馈意见，以及与同行们共同探讨行业的发展前景。

重要的时装盛典

下面列举了时装界一些比较重要的活动。有些活动有固定的举办日期，但是大多数活动举办的时间是在标注日期的前后，具体日期不固定。

活动	日期	地点
里约热内卢时装周	一月中旬	里约热内卢
意大利时装展览会	一月中旬	佛罗伦萨
香港时装周	一月中旬	香港
柏林时装周	一月中旬	柏林
米兰男装周	一月中旬	米兰
巴黎男装周	一月下旬	巴黎
意大利国际童装展	一月下旬	佛罗伦萨
巴黎高级时装展	一月下旬	巴黎
巴黎时装展	一月下旬	巴黎
意大利辅料面料展	一月下旬	佛罗伦萨
圣保罗女装成衣展	一月下旬到二月上旬	圣保罗
斯德哥尔摩时装周	一月下旬到二月上旬	斯德哥尔摩
普拉托博览会	二月	米兰
法国第一视觉面料博览会	二月上旬	巴黎
纽约女装成衣展	二月上中旬	纽约
巴黎女装成衣展	二月上旬到三月上旬	巴黎
伦敦女装成衣展	二月中旬	伦敦
马德里时装周	二月中旬	马德里
婚纱展	二月中旬	纽约
慕尼黑时装周	二月中下旬	慕尼黑
内部团体	二月下旬	纽约市
米兰女装成衣展	二月下旬到三月上旬	米兰
伊斯坦布尔时装博览会	三月上旬	伊斯坦布尔
洛杉矶时装周	三月中旬	洛杉矶
日本时装周	三月中旬到下旬	东京
北京第一视觉面料辅料博览会	三月下旬到四月上旬	北京
俄罗斯时装周	三月下旬到四月上旬	莫斯科
悉尼时装周	五月上旬	悉尼
洛杉矶时装市场	六月中旬	洛杉矶
意大利时装展览会	六月中旬	佛罗伦萨
米兰男装展	六月中旬	米兰
巴黎男装展	六月下旬	巴黎
意大利国际童装展	六月下旬	佛罗伦萨
入选品牌贸易展	七月	柏林
意大利辅料面料展	七月上旬	佛罗伦萨
高级时装展	七月上旬	巴黎
纽约第一视觉面料辅料博览会	七月中旬	纽约
普拉托博览会	九月	米兰
纽约女装成衣展	九月上中旬	纽约
伦敦女装成衣展	九月中旬	伦敦
法国第一视觉面料辅料博览会	九月下旬	巴黎
米兰女装成衣展	九月下旬	米兰
马德里时装周	九月下旬	马德里
巴黎女装成衣展	九月下旬到十月上旬	巴黎
俄罗斯时装周	十月中旬	莫斯科
洛杉矶时装周	十月中旬	洛杉矶

针织术语

要想更好地呈现针织设计作品集，既要从感官上对针织品有所认知，又要对针织品专用术语有所学习。

经编和纬编

纱线的套结形成了针织物。经编和纬编是针织物的两种基本编制手法。

经编织物（Warp knits）

用经编针织机编织，采用一组或几组经向平行排列的纱线，在经编机的所有工作针上同时进行成圈而形成的平幅形或圆筒形针织物。基本的经编织物种类包括特里科经编织物、米兰尼斯经编织物和拉歇尔经编针织物。

纬编织物（Weft knits）

用纬编针织机编织，将纱线由纬向放入针织机的工作针上，使纱线按秩序弯曲成圈，并相互穿套而形成的圆筒形或平幅形针织物。可以是双络编织物也可以是圆筒形针织物。比如平纹针织物（平针织物）、罗纹针织物和反针织物（两面织法一样）都是纬编织物。

关键结构制作术语

裁剪成形（Cut and sew）

根据纸样将衣片裁好后将其缝合成服装。

针织成形（Sweater knits）

根据纸样将预先完成好的样式在特殊的织机器上制作，之后再组合成完整的服装。

正针（Knit）

编织中的基本针法，一般用于衣片正面的缝合。

反针（Purl）

编织中的第二种针法，一般用于衣片反面的缝合。

关键针法、图案和工艺

元宝针（Bobble）

从单缝线迹到多种针法的运用，最后再回到单缝法，从而得到具有立体效果的缝纫图案。

绞花（Cable）

用双端针钩织成的蔓藤状或几何图形样式的弯曲状立体图案。

抽针或抽条（Drop needle or needle out）

将一针或多针移到下一针上的方法，从而产生一种阶梯状的外观；或是一行平整，下一行因抽褶而凸起的效果。

定位针织（Engineered rib）

针织服装各衣片缝合时所用到的各种罗纹针法。

单面提花（Fair isle）

用来制作有复杂色彩的图案的技术，但运用范围较小。用针织的方法将已经设计好的图案直接编织出来。当纱线的颜色变化时，会出现"浮线"现象，即纱线会保留在图案的背面。

浮线（Float）

当调整提花色彩时，面料背面的纱线会继续保留。

收放针（Full-fashioned）

用于对服装袖窿处、领口处和公主线等处的连接。

满针罗纹（Full needle rib）

满针罗纹是使用双针床针织机相错编织而成的罗纹面料，常用于服装的边缘部位。

起伏针（Garter stitch）
每一行使用下针进行编织，可以使服装的两面产生相同的纹理效果。

针数（Gauge）
指纱线号：5gg、7gg、16gg和24gg是最常见的纱线机针圈数，手工针织纱线最常见的大小是3gg或5gg。选定纱线后要确定每一行、每一列的针数，这样才能完成图案设计。纱线厚度的大小决定了针数。

嵌花（Intarsia）
嵌花技术是指形成组织时，由两块或两块以上不同颜色或不同种类的纱线编织成的花块，在纵向镶拼而形成花色织物的方法。它是一种选针与纱线交换相结合的新技术。

提花（Jacquard）
提花是用来把有限的色彩重复应用到嵌花编织图案中的一种工艺。

平针织物（Jersey）
就是正一针、反一针地进行缝纫编织。

蕾丝（Lace）
蕾丝是一种舶来品，网眼组织，最早由钩针手工编织。蕾丝的制作是一个很复杂的过程，它是按照一定的图案用丝线或纱线编结而成。

混纺（Marled）
两种或两种以上颜色或粗细的纱线组合编织在一起形成任意的图案。这种图案从织物正面或背面都可以看出来。

交织（Plaited）
通过机械技术将金银线或金属纱线与其他纱线混纺在一起。它还将花式纱线与普通纱线配合使用，使花式纱线浮于面料表层，这样面料的内部没有变化，不会让你的皮肤因花式纱线而感到刺痒。

移圈（Pointelle）
在相邻的两行纱线上进行前后缝合，从而形成网眼的一种效果。

反面平针（Reverse jersey）
通常把质地较好的一面作为正面，而针织物背面有绳索状图案突起。

罗纹（Rib）
罗纹针织物是由一根纱线依次在正面和反面形成线圈纵行的针织物。罗纹针织物具有平纹织物的脱散性、卷边性和延伸性，同时还具有较大的弹性。常用于T恤的领边、袖口，有较好的收身效果，弹性很大（比拉架棉的弹性还大），主要用于休闲风格的服装。常见的样式有1+1罗纹（平罗纹）、2+2罗纹。

有松紧变化的针法（Stockinette stitch）
过去常用于针织衫的一种针法。

变化罗纹（Variegated rib）
正针和反针运用数量不同的一种编织法（通常是3+1和5+3）。

基本花边和后整理工艺
捆条（Flat strapping）
平针罗纹装饰，一般用于衣领、袖口和衬里，使设计看起来更简洁、利落。

缝盘（Linked）
把用不同针法缝合的装饰物共同缝合到服装上，再将服装边缘的线迹挑起与装饰物形成连接，连接线迹从衣服内侧可以看到。

突状饰边（Picot）

▲ 整个针织设计作品系列
从几何图形印花T恤到晚礼服，针织品的种类繁多，消费群各异。通常从纤维结构本身入手进行创作的设计师会更偏爱针织面料。

在矩形网眼织物孔边缘上缝制装饰，之后将其进行折叠缝合，这样就会在织物上形成波浪状突起。

原身出版（Self-start）
用于全平纹组织缝纫，不需要外的装饰。在制作更为紧身的款式时，可以在原型的基础上减少3/8英寸（1cm）松量，来突出服装造型。

短针（Single crochet）
用于钩针收边，这能使服装边缘部分干净完整。

圆筒布（Tubular）
圆筒布是使用机器织出的针织布料，有不同的样式与规格。平纹针织圆筒布需要织两次来确定面料厚度，然后将面料折叠，使其平整，最后剪掉边缘。

索引

致谢

特别感谢凯莉·奎因（Kelly Quinn）为本书所做的卓越贡献。在此，献上本人最真挚的谢意！

插画与时装设计师

贝西·阿夫米（Bessie Afnaim）
伊萨亚斯·O.阿里亚斯
（Isaias O. Arias）
利泽特·阿维尼里（Lizette Avineri）
利娅·巴顿（Leah Barton）
洛朗·伯内特（Lauren Burnet）
弗吉尼亚·伯里斯（Virginia Burris）
Anna Jayoon Choi
崔熙成（Hee Sung Choi）
Ji Yoon Jennie Han
卡塔·赫勒克（Kat Hoelck）
格雷丝·胡（Grace Hu）
Seung Yeon Jee
苏珊·凯（Susan Kay）
佩奇·凯特林（Paige Kettering）
戴安娜·金
（Diana Gayoung Kim）
西尔维娅·夸恩（Sylvia Kwan）
汉娜·赫尼尔（Hannah Learner）
凯特·利弗（Kate Leaver）
珍妮弗·李（Jennifer Lee）
李博裴（Bo Bae Lee）
李珍熙（Jin Hee Lee）
Anna Hae Won Lee
林熙（Hee Lim）
罗词志（Yuen Chi Lo）
梅利莎·卢宁（Melissa Luning）
克里斯蒂娜·梅斯
（Christine Mayes）
叶利夫·穆永西尔（Elif Muyesser）
保罗·内格龙（Paul Negron）
德西蕾·内曼（Desiree Neman）
杰西·奥（Jessie Oh）
乔恩·帕格尔（Jon Pagels）
南希·派克（Nancy Park）
米尔特·基兰
（Myrtle Quillamor）
约翰·保罗·兰赫尔
（John Paul Rangel）
珍妮弗·鲁宾（Jennifer Rubin）
斯利维娅·桑托斯
（Silvia Santos）
萨拉·沙赫巴齐
（Sara Shahbazi）
劳拉·西格尔（Laura Siegel）
纳娜·陶卡塔（Nanae Takata）
塔拉·拉（Tara La Tour）
唐胡戈（Hugo Tsang）
约瑟夫·威廉斯四世（Joseph Williams IV）
艾登·柳（Aiden Yoo）
克拉拉·柳（Clara Yoo）

摄影师

比尔苏·巴西莉（Birsu Baseillar）P62-63
欧文·布鲁斯（Owen Bruce）P104-105
迈克·德维托（Mike Devito）：所有插图工作
玛丽亚·考沃什（Maria Kavas）P130
杰森·金（Jason Kim）P67
金荣和（Younghoon Kim）
本杰明·马达瓦（Benjemin Madav）P26, 58, 60, 124
阿什利·米内特（Ashley Minette）P47
乔治娅·内海姆（Georgia Nerheim）P144-145
格雷迪·奥康纳（Grady O'Connor）P1, 68
詹姆斯·奥兰多（James Orlando）P66
费德里科·佩尔特里（Federico Peltretti）P69
比尔·德金（Bill Durgin）p149tl
大卫·舒尔茨（David Schulze）p148t, 149tr

Quarto出版社也想对为本书提供图片的相关单位和个人表示诚挚的感谢：

L=左图；R=右图；T=上图；B=下图；C=中间图

UAL©Alys Tomlinson公司：p9, p25tl, p57tb, p58, p60tl/tb, p61tr
OLSEN TWINS公司：P14bl
DAN AND CORINA LECCA 公司：P14tr
Junky Styling www.junkystyling.co.uk 图片：Armando公司 p15tl
Fashionstock公司：p16bl/c/br
Rex Features：p17tl/r, p89, p98, p104bl, p116
Getty Images：p17br, p56, p104tr
SOOKIbaby由Dijana Dotur 设计，所有设计和图片版权由加拿大Tiny Tribe Pty 公司所有，P106t/r
Jessica Stuart-Crump for Republik MTB公司：p118
Jessica Stuart-Crump for Westbeach MTB 公司：p119
Kitty Dong公司：p123
Karen Millen公司：p128,139,140,141,142

其他图片版权归Quarto出版公司所有，未经许可不得以任何方式或任何手段复制、转载或刊登。除对致谢名单中的人员表示感谢外，Quarto出版公司对书中出现的遗漏或错误提前向广大读者致歉，也希望得到各方人士的不吝赐教，以便在未来对本书做出适当的修正，使内容更加完善。